彩图 1　鲢鱼

彩图 2　鳙鱼

彩图 3　青鱼

彩图 4　草鱼

彩图 5　鲤鱼

彩图 6　日本沼虾

彩图 7　南美白对虾

彩图 8　罗氏沼虾

彩图 9　中华绒螯蟹

彩图 10　克氏原螯虾

彩图 11　中华鳖

彩图 12　乌龟

彩图 13　鳄龟

伊乐藻

金鱼藻

狐尾藻

轮叶黑藻

苦草

水花生

彩图 14　蟹池种植水草种类

桃拉病毒病

白斑综合征病毒病

固着类纤毛虫病

黄头病

彩图 15　虾类常见疾病

农民技能提升培训系列教材
NONGMIN JINENG TISHENG PEIXUN XILIE JIAOCAI

水产监管

SHUICHAN JIANGUAN

编审委员会

主 任 叶军平

副主任 刘佩红 费 强

委 员 朱建华 叶正文 夏海云 沈富林 张根玉
　　　　丰东升 黄 辉 孙月星 陆 军 曹 云

编审人员

主 编 陆 军 黄 辉

副主编 董 娟

编 者 冯子慧 潘英超

主 审 张根玉

中国劳动社会保障出版社

图书在版编目(CIP)数据

水产监管／上海市农业广播电视学校组织编写. ——北京：中国劳动社会保障出版社，2019

农民技能提升培训系列教材

ISBN 978-7-5167-4221-1

Ⅰ.①水… Ⅱ.①上… Ⅲ.①水产养殖-技术培训-教材 Ⅳ.①S96

中国版本图书馆CIP数据核字(2019)第260461号

中国劳动社会保障出版社出版发行

(北京市惠新东街1号 邮政编码：100029)

*

北京市艺辉印刷有限公司印刷装订　新华书店经销
787毫米×1092毫米　16开本　11.25印张　3彩插页　215千字
2019年12月第1版　2019年12月第1次印刷
定价：33.00元

读者服务部电话：(010) 64929211/84209101/64921644
营销中心电话：(010) 64962347
出版社网址：http://www.class.com.cn

版权专有　侵权必究

如有印装差错，请与本社联系调换：(010) 81211666
我社将与版权执法机关配合，大力打击盗印、销售和使用盗版图书活动，敬请广大读者协助举报，经查实将给予举报者奖励。
举报电话：(010) 64954652

内容简介

本教材由上海市农业广播电视学校依据上海水产监管职业技能鉴定细目组织编写。教材从强化培养操作技能、掌握实用技术的角度出发，较好地体现了当前最新的实用知识与操作技术，对于提高从业人员基本素质、掌握水产监管核心知识与技能有直接的帮助和指导作用。

本教材在编写中根据本职业的工作特点，以能力培养为根本出发点，采用模块化的编写方式。全书共分为5章，内容包括淡水水生生物学、水产养殖水域环境、水产养殖实施、水产养殖投入品、养殖水产品质量溯源。

本教材可作为水产监管的农民技能提升培训与鉴定考核教材，也可供全国中高等职业技术院校相关专业师生参考使用，以及相关职业从业人员培训使用。

前　　言

　　大力开展农民技能培训，提升广大农民技能素质，加快培养一批专业型、技能型、创新型劳动者和高技能人才，培育一支"爱农业、懂技术、善经营"的高素质农民队伍，将为实施乡村振兴战略、推进现代绿色农业发展提供人才支撑，促进农民收入持续增长。

　　为更好地满足农业产业发展需要，近年来，上海市农业农村委员会在种植、畜牧、水产、农机、农产品安全等领域，积极开展农业新业态、新技能培训项目开发，广泛开展农业从业人员实用技术培训，提高优质农产品生产水平和农业专业化服务能力，围绕家庭农场、农民专业合作社、农业龙头企业等新型农业经营主体，以农业高技能人才培养基地为平台，发挥农民技能培训辐射带动作用，形成了规模化农民技能培训的示范效应。

　　为配合农民技能提升培训工作的需要，上海市农业农村委员会、上海市农业广播电视学校组织了农业领域的专家、技术人员共同编写了农民技能提升培训系列教材。本系列教材严格按照鉴定考核细目进行编写，以产业发展为立足点，以生产技能和经营管理能力提升为主线，注重知识和技能的针对性和有效性，实用性强，适应农民技能培训和自身学习需要，是广大农民增收致富的好帮手。

　　本系列教材在编写过程中得到了上海市、区两级相关农业技术推广部门与农业院所有关专家的关心指导和大力支持，在此谨表示最诚挚的谢意。

　　由于水平有限，不当之处在所难免，恳请读者指正。

农民技能提升培训系列教材　编委会

目 录

第1章 淡水水生生物学

知识要求

1.1 淡水鱼类生物学 ………………………………… 2
    1.1.1 鱼类的外部形态特征 ………………… 2
    1.1.2 鱼类的生理系统 ……………………… 5
    1.1.3 鱼类的生态特征 ……………………… 6
    1.1.4 上海地区主要养殖淡水鱼类的
          生物学特性 …………………………… 7

1.2 淡水甲壳类生物学 ……………………………… 10
    1.2.1 日本沼虾 ……………………………… 10
    1.2.2 南美白对虾 …………………………… 13
    1.2.3 罗氏沼虾 ……………………………… 14
    1.2.4 中华绒螯蟹 …………………………… 16
    1.2.5 克氏原螯虾 …………………………… 18

1.3 龟鳖类生物学 …………………………………… 21
    1.3.1 中华鳖 ………………………………… 21
    1.3.2 乌龟 …………………………………… 22
    1.3.3 鳄龟 …………………………………… 23

技能要求
    鱼体测量 ……………………………………… 23
本章测试题 ………………………………………… 24
本章测试题参考答案 ……………………………… 25

第2章 水产养殖水域环境

知识要求
2.1 水域的物理特性 ………………………………… 28

  2.1.1　太阳辐射 …………………… 28
  2.1.2　透明度 ……………………… 28
  2.1.3　水色 ………………………… 28
  2.1.4　水体运动 …………………… 32
 2.2　**水域的化学特性** …………………… 33
  2.2.1　溶解氧 ………………………… 33
  2.2.2　氮及氮化合物 ……………… 33
  2.2.3　磷酸盐 ……………………… 34
  2.2.4　亚硝酸盐 …………………… 35
  2.2.5　硫化氢 ……………………… 35
  2.2.6　溶解有机物 ………………… 35
  2.2.7　酸碱度 ……………………… 36
 2.3　**水域的生物特性** …………………… 36
  2.3.1　池塘生物的种类和特点 …… 36
  2.3.2　池塘生物的变化规律 ……… 37

技能要求

 pH 值测定 …………………………… 38
 透明度测定 ………………………… 39
 表层水温测定 ……………………… 40
 溶解氧测定 ………………………… 40
 氨氮测定 …………………………… 41
 亚硝酸盐测定 ……………………… 41

本章测试题 ……………………………… 43
本章测试题参考答案 …………………… 44

第3章 水产养殖实施

知识要求

- 3.1 清塘与养殖器械 …… 46
  - 3.1.1 清塘 …… 46
  - 3.1.2 常用养殖机械 …… 48
  - 3.1.3 常用仪器 …… 50
- 3.2 鱼类养殖 …… 52
  - 3.2.1 苗种养殖前期准备 …… 53
  - 3.2.2 苗种放养 …… 53
  - 3.2.3 日常管理 …… 54
  - 3.2.4 鱼病预防 …… 55
  - 3.2.5 越冬管理 …… 56
  - 3.2.6 鱼类运输 …… 57
- 3.3 河蟹生态养殖 …… 58
  - 3.3.1 蟹苗特点和质量鉴别 …… 58
  - 3.3.2 蟹苗运输 …… 59
  - 3.3.3 蟹种鉴别 …… 60
  - 3.3.4 蟹种放养 …… 61
  - 3.3.5 日常管理 …… 62
  - 3.3.6 蟹池水草栽培 …… 63
  - 3.3.7 病害防治 …… 64
  - 3.3.8 成蟹捕捞 …… 66
- 3.4 南美白对虾养殖 …… 66
  - 3.4.1 虾苗放养 …… 66
  - 3.4.2 日常管理 …… 67
  - 3.4.3 虾苗淡化 …… 68

  3.4.4 虾病防治 …………………………………… 69
  3.4.5 对虾捕捞 …………………………………… 73
  3.4.6 对虾运输 …………………………………… 74
技能要求
 生石灰干法清塘 ………………………………………… 75
 托盘天平的使用 ………………………………………… 75
本章测试题 ………………………………………………… 75
本章测试题参考答案 ……………………………………… 76

第4章 水产养殖投入品

知识要求
 4.1 苗种 ……………………………………………… 78
  4.1.1 苗种的引进 ………………………………… 78
  4.1.2 苗种的选择 ………………………………… 78
 4.2 饲料 ……………………………………………… 79
  4.2.1 饲料的种类 ………………………………… 79
  4.2.2 饲料的投喂 ………………………………… 81
 4.3 肥料 ……………………………………………… 83
  4.3.1 肥料的分类 ………………………………… 83
  4.3.2 池塘施肥 …………………………………… 84
 4.4 渔药 ……………………………………………… 87
  4.4.1 常用渔药 …………………………………… 87
  4.4.2 渔药的使用基本原则 ……………………… 94
  4.4.3 渔药的使用方法 …………………………… 95
  4.4.4 禁用渔药 …………………………………… 96
 4.5 微生物制剂 ……………………………………… 97

  4.5.1 微生物制剂的种类 …………………………… 97
  4.5.2 常用菌及作用 ………………………………… 98
  4.5.3 微生物制剂的使用方法及注意事项 …… 99
技能要求
 苗种质量判断 ……………………………………………… 101
 施有机肥料（作为追肥）………………………………… 101
 用光合细菌改良水质 ……………………………………… 102
本章测试题 ………………………………………………………… 102
本章测试题参考答案 …………………………………………… 104

第5章　养殖水产品质量溯源

知识要求
 5.1 水产养殖档案建设 ………………………………… 106
  5.1.1 水产养殖档案建设发展历程 …………… 106
  5.1.2 水产养殖档案目前存在的问题 ………… 107
  5.1.3 水产养殖档案建设路线 ………………… 107
  5.1.4 水产养殖档案管理系统 ………………… 108
 5.2 水产监管员 ………………………………………… 110
  5.2.1 管理职责 …………………………………… 110
  5.2.2 任职条件 …………………………………… 110
 5.3 水产品质量安全监管 ……………………………… 111
  5.3.1 监管背景与内容 …………………………… 111
  5.3.2 相关法律法规和指导意见 ……………… 112
  5.3.3 我国水产品质量安全监管标准概况 …… 114
本章测试题 ………………………………………………………… 116
本章测试题参考答案 …………………………………………… 117

第6章　上海市农业生产档案（水产养殖）

知识要求
  6.1　概述 …………………………………………………………… 120
  6.2　档案填写 ……………………………………………………… 121
    6.2.1　基本信息填写 ………………………………………… 122
    6.2.2　生产信息填写 ………………………………………… 125
    6.2.3　生产记录与月小结填写 ……………………………… 127
技能要求
  养殖场信息填写 …………………………………………………… 128
  放养/起捕记录填写 ………………………………………………… 129
本章测试题 ………………………………………………………………… 129
本章测试题参考答案 ……………………………………………………… 130

理论知识考试模拟试卷及答案 ……………………………………… 131

操作技能考核模拟试卷及答案 ……………………………………… 141

第1章

淡水水生生物学

1.1　淡水鱼类生物学　　/2
1.2　淡水甲壳类生物学　/10
1.3　龟鳖类生物学　　　/21

学习目标

◆ 掌握鱼类的外部形态特征和生态特征
◆ 熟悉上海地区主要养殖鱼类的生物学特性
◆ 能够识别常见的淡水养殖种类
◆ 掌握鱼类解剖的方法和鱼体形态的测量方法
◆ 熟悉淡水甲壳类的生物学特性
◆ 了解龟鳖类的生物学特性

 知识要求

1.1 淡水鱼类生物学

1.1.1 鱼类的外部形态特征

1. 鱼体的外部分区

鱼类的身体可以划分成头部、躯干部和尾部,见表1-1。鲤鱼的外形如图1-1所示。

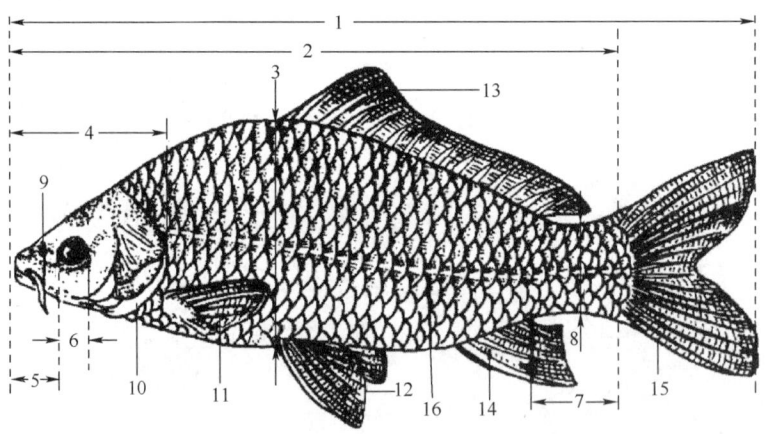

图1-1 鲤鱼的外形

1—全长 2—体长 3—体高 4—头长 5—吻长 6—眼径 7—尾柄长
8—尾柄高 9—触须 10—鳃膜 11—胸鳍 12—腹鳍 13—背鳍
14—臀鳍 15—尾鳍 16—侧线鳞

表 1-1　　　　　　　　　　　　　鱼类身体划分

部位	分区
头部	无鳃盖的圆口类和板鳃类：头部为自吻端到最后一对鳃孔。有鳃盖的硬骨鱼类：头部为自吻端到主鳃盖骨后缘
躯干部	一般为自头部到肛门或生殖孔的后缘。肛门前移的比目鱼类的躯干部为自头部到体腔末端或最前一枚具脉弓的尾椎
尾部	躯干部后端部分

鱼体常用的测量部位见表 1-2。

表 1-2　　　　　　　　　　　　　鱼体测量部位

测量部位	划分
全长	由上颌最前端至尾鳍末端的水平距离
体长	由上颌最前端至尾鳍基底的水平距离
体高	鱼体最高处的垂直距离
体宽	鱼体左右侧的最大距离
吻长	由上颌前端至眼前缘的距离
头长	由上颌最前端至鳃盖后缘（不包括鳃盖膜）的距离
尾柄高	尾柄最低处的垂直距离
尾柄长	臀鳍基底终点至尾鳍基底下端点的水平距离
眼径	前眼眶至后眼眶的水平距离

2. 鱼类的体轴与体形

鱼类的体轴分为头尾轴、背腹轴、左右轴。头尾轴（主轴）是自鱼体头部到尾部贯穿体躯中央的一根轴线，背腹轴（矢轴）是自鱼体最高部通过头尾轴贯穿背腹的一根轴线，左右轴（横轴）是贯穿鱼体中心而与头尾轴、背腹轴垂直的一根轴线。

淡水鱼类体形主要分为纺锤形、侧扁形、圆筒形等，见表 1-3。

表 1-3　　　　　　　　　　　　　鱼类的体形

体形	特点	代表品种
纺锤形	体呈纺锤状，身体中段较肥大，头尾稍尖细，其横断面呈椭圆形，侧视呈纺锤状。从体轴看，头尾轴最长，背腹轴较短，左右轴最短	草鱼、鲤鱼、鲫鱼等
侧扁形	鱼体较短，两侧很扁而背腹轴高，侧视形成左右两侧对称的扁平形，整个体形显得扁宽	鳊鱼（俗称团头鲂）、胭脂鱼等
圆筒形	鱼体较长，其横断面呈圆形，侧视呈棍棒状	黄鳝
其他形	为适应特殊的生活环境，部分鱼类呈现出特殊的体形，如带形、箱形、球形等	带鱼、箱鲀、刺鲀等

3. 鱼的头部

（1）鱼的头部组成（见表1-4）

表1-4　　　　　　　　　　　　鱼的头部组成

组成	说明
吻部	头部最前缘到眼前缘
眼后头部	眼的后缘到鳃盖骨后缘或最后一鳃裂
眼间隔	两眼间距离
颊部	眼的后下方到前鳃盖骨后缘
喉部	两鳃盖间的腹面部分
下颌联合	下颌左右两齿骨在前方汇合处
颏部	也称颐部，指紧接下颌联合的后方
峡部	颏部后方、喉部前方的部位

（2）鱼的头部器官（见表1-5）

表1-5　　　　　　　　　　　　鱼的头部器官

器官	说明
口	口是鱼类的摄食器官及呼吸通道。不同鱼类口的部位、口形各异
触须	触须是鱼类的一种感觉器官，多生于口部周围，分为颌和颚须，多数为一对（如鲤鱼），有的有多对（如鲶鱼）。触须上有发达的神经和味蕾，有触觉和味觉的功能，并可辅助寻觅食物
眼	鱼类的眼睛没有眼睑，不能完全闭合，也不能进行较大幅度的转动。眼的角膜平坦，水晶体呈圆球形，它的曲度不能改变，可以推测鱼类视线范围有限。大多数鱼的眼睛生在头部的两侧，但也有生在头部的一侧，如鲆、鲽、鳎；或生在头部背面，如鳐、魟等
鳃	鳃是鱼类的呼吸器官，适于水中呼吸和长时间活动。一般来说，鱼类有两鳃，每鳃各有五个鳃裂。硬骨鱼鳃有鳃盖，软骨鱼鳃裂直接向体外开口，鲨鱼开口于头的两侧，鳐鱼则开口于头的腹面。鱼鳃密布细微的血管，从其颜色变化可以判断出鱼的新鲜程度
鼻	鼻是鱼类主要的嗅觉器官，由一些多褶的嗅觉上皮组成嗅囊，嗅囊以外鼻孔与外界相通，不兼作呼吸道作用。鼻孔的形状、位置和数量因鱼的种类而异

4. 鳍

鳍是鱼类特有的器官，是鱼体运动和维持身体平衡的重要器官。鳍由属于内骨骼的支鳍骨（担鳍骨）和鳍条组成，外附肌肉。鱼类鳍的组成和鳍条的数量常作为分类的主要依据。鳍条可以分为角质鳍条和鳞质鳍条。角质鳍条不分支不分节，为软骨鱼类所特有。鳞质鳍条由鳞片衍生而来，又称骨质鳍条，为硬骨鱼类所特有。鱼类的鳍分为奇鳍和偶鳍，其中奇鳍又分背鳍、臀鳍和尾鳍；偶鳍又分胸鳍和腹鳍，详见表1-6。

表1-6　　　　　　　　　　　　　　　鳍的分类

分类		说明
奇鳍	背鳍	有的背鳍后面生有若干个小鳍（又称副鳍）或脂鳍。低等真骨鱼类背鳍完全由鳍条组成，称为软鳍鱼类；高等真骨鱼类背鳍有坚硬的棘，称为棘鳍鱼类。软鳍鱼类一般只具有一个背鳍；棘鳍鱼类第一背鳍均由鳍棘组成，故又称为背鳍棘部
	臀鳍	位于肛门与尾鳍之间，其形态与功能基本上与背鳍相似。多数鱼类具有一个臀鳍，但也有鱼类具有两个臀鳍
	尾鳍	具有推进鱼体运动和转变方向的作用，由鳍条组成。尾鳍的形状、大小因种类而有很大变化。硬骨鱼类的尾鳍呈新月形、深叉形、内凹形、平直形、圆形、尖圆形等
偶鳍	胸鳍	用于鱼类运动、转向和维持身体平衡，黄鳝没有胸鳍
	腹鳍	相当于陆生动物的后肢，可以协助背鳍、臀鳍维持身体平衡和辅助鱼体升降拐弯

5. 鳞片

鳞片是一些动物皮肤表面衍生的硬薄片状结构，具有保护作用。鱼的鳞片使鱼体呈现理想的流线型，可保护鱼体，并减少鱼在水中活动遇到的阻力。鱼鳞一般可分为硬鳞、圆鳞和栉鳞，圆鳞呈正圆形，栉鳞呈针形且较小。鳞片一般不用于烹饪，但个别种类鱼的鳞片较薄，鳞下脂肪较丰富，烹饪时可以不去鳞，如鲥鱼。

6. 侧线

侧线是鱼类特有的用来感觉水的振动波、水流方向和水压变化的感觉器官。侧线是深藏于皮下的管状系统结构，与神经系统紧密连接，有许多小管穿过鳞片与外界相通。常见淡水鱼类的侧线只有一条，从头后部沿体侧中线直到尾鳍基部，如鲤鱼；有的鱼有多条侧线，如三线舌鳎；有的鱼没有侧线，如鲥鱼。

1.1.2　鱼类的生理系统

1. 消化系统

鱼类的消化系统主要包括消化道和消化腺两部分，鲫鱼解剖图如图1-2所示。

（1）消化道。消化道分为口腔、咽、食道、胃、肠、泄殖腔（软骨鱼类）或肛门（硬骨鱼类）。软骨鱼类的直肠开口于泄殖腔，泄殖腔是直肠末端略微膨大而成

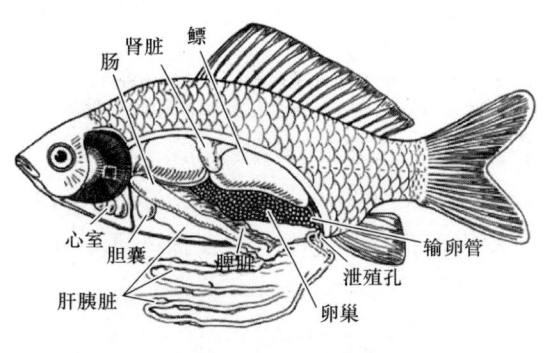

图1-2　鲫鱼解剖图

的，输尿管和生殖管均开口于此腔，泄殖腔以单一的泄殖孔通向体外。硬骨鱼类的直肠末端有独立开口的肛门，位于生殖孔之前。

（2）消化腺。消化腺包括胃腺、肠腺、肝脏、胰腺、胆囊等。这些腺体能分泌消化液，有助于食物消化。有些硬骨鱼类的肝脏和胰脏混合在一起，称肝胰脏。肝脏能分泌胆汁，胆汁贮存在胆囊里，由输胆管输送。胰脏能分泌胰液。胆汁、胰液具有促进食物消化的作用。

2. 呼吸器官

鱼类在摄食维持其生命活动的过程中，必须要有氧气，以维持正常代谢。鱼类从水环境中吸取氧气，代谢活动所产生的废气（二氧化碳等）也是通过水体接触排放的。鱼类主要靠鳃完成呼吸。有些鱼类，除了用鳃呼吸以外，还可用身体的其他部分进行"气呼吸"以辅助"水呼吸"的不足。这些用以辅助呼吸的器官称为副呼吸器官。例如，鳗鲡和鲇鱼能用皮肤呼吸，泥鳅能用肠呼吸（把空气吞入肠中，在肠道内进行气体交换），鳝鱼可以借助口咽腔表皮呼吸等。多数鱼类具有鳔，鳔腔内可充满气体，可以借放气和吸气（但无呼吸作用）改变鱼体的比重，帮助鱼体上升或下降。

1.1.3 鱼类的生态特征

1. 鱼类的生态习性

鱼的种类很多，生态习性的差异也很大。按照鱼类的栖息水层，可分为上层鱼类、中下层鱼类和底层鱼类。例如，鲢鱼、鳙鱼栖息在水体的上层，草鱼、鳊鱼、鲂鱼栖息在水体的中下层，青鱼、鲫鱼、泥鳅生活在水体的底层。

2. 鱼类对环境的适应性

（1）水温。鱼类是变温动物，其体温随着水温的变化而改变。鱼类摄食、生长、繁殖、分布、数量变动等都直接或间接地受水温影响。水温的变化往往也影响水体的其他理化性状，从而影响鱼类的生活。在养鱼之前，首先应考虑该水体的温度以及其在一年四季里的变化情况。

水温直接影响鱼类的代谢强度，从而影响鱼类的摄食和生长。各种鱼类在最适温度范围内，其代谢作用增强，摄食量增加，生长速度加快。草鱼、青鱼、鲢鱼、鳙鱼等生长的适宜温度范围为20~32℃，水温低于15℃时，其食欲下降，生长缓慢。鲮鱼在水温低于8~9℃时，就会被冻死。水温还影响鱼类的性腺发育，决定产卵数量、时间等。

（2）溶解氧。溶解在水中的氧气称为溶解氧。水中溶解氧的含量是鱼类生存和生长发育的重要因素之一。一般情况下，溶解氧能满足鱼类呼吸的要求。但在精养和天气异常的情况下，鱼类有可能缺氧。

（3）pH 值。水的酸碱性质一般用 pH 值表示，pH = 7 为中性，pH>7 为碱性，pH<7 为酸性。一般将天然水的酸碱性划分为五类：强酸性 pH<5，弱酸性 pH 值为 5~6.5，中性 pH 值为 6.5~8，弱碱性 pH 值为 8~10，强碱性 pH >10。水的酸碱度对鱼类会起直接或间接的影响。我国主要养殖鱼类对水的 pH 值变化有较大的适应能力，青鱼、草鱼、鲢鱼、鳙鱼适应的 pH 值范围在 4.6~10.2，低于 4.2 或高于 10.4 只能生存极短时间；鲤适应的 pH 值范围在 4.4~10.4。

3. 鱼类食性

一般鱼类食性划分见表 1-7。

表 1-7　　鱼类食性

鱼类	食性	示例
滤食性鱼类	一般较大，鳃耙细长密集，用来滤取水中的浮游生物	鲢鱼、鳙鱼等
草食性鱼类	以摄食水草、水藻、蔬菜及陆生某些草木茎叶为主	草鱼、团头鲂等
杂食性鱼类	食性广，荤饲、素饲皆宜	鲤鱼、鲫鱼等
肉食性鱼类	以其他鱼类或栖生于水体中及水边的小动物为食	黑鱼、鳜鱼等

1.1.4　上海地区主要养殖淡水鱼类的生物学特性

1. 鲢鱼

鲢鱼（见彩图 1）又名白鲢，隶属鲤形目、鲤科、鲢属。鲢鱼是我国淡水鱼资源中最具代表性的种类之一，属于大型鱼类，广泛分布于我国东北部、中部、东南、南部地区江河各大水系中，但长江三峡以上无鲢鱼的自然分布。

（1）形态特征。体形侧扁、稍高，呈纺锤形，背部呈青灰色，两侧及腹部呈银白色；头较一般鱼大，但小于鳙鱼；口阔，眼睛位置很低；鳞片细小；各鳍呈灰白色，胸鳍不超过腹鳍基部。

（2）生活习性。鲢鱼是典型的滤食性鱼类，具有特殊的滤食器官，以滤取浮游植物为主。春、夏、秋三季栖息于我国江河湖泊水体的中上层，冬季则潜至深水越冬。平时栖息于江河干流及其附属水体中摄食育肥，产卵群体每年在生殖季节前开始集群，溯河洄游到上游产卵，产卵后通常进入食物丰富的湖泊处肥育。

鲢鱼喜高温，适宜的水温为 23~32℃。炎热的夏季，鲢鱼的食欲最为旺盛。7—8 月是钓鲢的好时机，秋分以后，天气渐凉，鲢鱼食欲有所降低，耐低氧能力极差，水中缺氧马上浮头，有的很快便死亡。

2. 鳙鱼

鳙鱼（见彩图 2）又名花鲢、胖头鱼、包头鱼、大头鱼、黑鲢、麻鲢、雄鱼等，鲤形目、鲤科、鲢属，是淡水鱼的一种，有"水中清道夫"的雅称。

（1）形态特征。外形似鲢鱼，体形侧扁，但头肥大，约占鱼体 30%；眼小，位置偏低，无须；下咽齿勺形，齿面平滑；口大，下颌稍向上倾斜，鳞小，腹面仅腹鳍甚至肛门具皮质腹棱；胸鳍长，末端远超过腹鳍基部；体侧上半部呈灰黑色或灰黄色上布满黑色云斑，腹部灰白，两侧有许多浅黄色及黑色的不规则小斑点。

（2）生活习性。鳙鱼生长在淡水湖泊、河流、水库、池塘里，多分布在淡水区域的中上层。鳙鱼为温水性鱼类，适宜生长的水温为 25~30℃，能适应较肥沃的水体环境。幼鱼及未成熟个体一般到沿江湖泊和附属水体中生长，性成熟时到江中产卵，产卵后大多数个体进入沿江湖泊摄食肥育，冬季湖泊水位跌落，它们又回到江河的深水区越冬，次年春暖时节则上溯繁殖。

鳙鱼为滤食性鱼类，主要吃轮虫、枝角类、桡足类（如剑水蚤）等浮游动物，也吃部分浮游植物（如硅藻、蓝藻类）和人工饲料。从鱼苗到成鱼阶段都是以浮游动物为主食，兼食浮游植物，是典型的浮游生物食性鱼类。

3. 青鱼

青鱼（见彩图 3）又名黑鲩、螺蛳青，隶属鲤形目、鲤科、青鱼属。

（1）形态特征。体长，略呈圆筒形，腹部平圆，无腹棱；尾部稍侧扁；吻钝，但较草鱼尖突；上颌骨后端伸达眼前缘下方，眼间隔约为眼径的 3.5 倍；鳃耙短小，乳突状；咽齿一行，左右一般不对称，齿面宽大，臼状；鳞大，圆形；体呈青黑色，背部更深；各鳍呈灰黑色，偶鳍尤深。青鱼生长迅速，个体较大，成鱼最大个体可达 70 kg，体长可达 145 cm。

（2）生活习性。青鱼习性不活泼，通常栖息在水体中下层，以摄食螺蛳、蚌、蚬、蛤等为主，也捕食虾和昆虫幼虫。在鱼苗和幼鱼阶段，主要以浮游动物为食；体长达到 15 cm 时，开始摄食小螺蛳和蚬。

青鱼栖息的水层很低，一般不游近水面，在 0.5~40℃ 水温范围内都能存活，繁殖与生长的适宜温度为 22~28℃，喜微碱性清瘦水质。多集中在食物丰富的江河弯道和沿江湖泊中摄食肥育，在深水处越冬。行动有力，不易捕捉。

4. 草鱼

草鱼（见彩图 4）又名草根子、厚子鱼等，隶属鲤形目、鲤科、雅罗鱼亚科、草鱼属的唯一种。

（1）形态特征。体呈圆筒形，头平，腹圆，两眼间隔大；带鳞片，口下位，下颌较短；侧线较平直，鱼体呈金黄色，背部呈青绿色，腹部呈灰白色，鳞片的边缘呈灰黑色；胸鳍、腹鳍呈橙黄色，背鳍、尾鳍呈灰色，背鳍较短；咽部有2行呈梳状、适合切割草类的咽喉齿。草鱼在自然条件下，最大个体可达50 kg，人工饲养最大个体可达10～15 kg。

（2）生活习性。草鱼栖息于平原地区的江河湖泊，一般喜居于水体中下层和近岸多水草区域。在人工饲养条件下，常栖息于水体中层，只有吃食时才到上层活动。具有河湖洄游的习性，性成熟的个体在江河、水库等流水中产卵，产卵后的亲鱼和幼鱼进入支流及通江湖泊中，通常在被水淹没的浅滩草地、泛水区域及干支流附属水体（湖泊、小河、港道等水草丛生地带）摄食育肥。冬季则在干流或湖泊的深水处越冬。

草鱼活动力很强，是典型的草食性鱼类，常以高等水生植物为主要食料，是我国淡水养殖的优质鱼类之一。草鱼的食草有轮叶黑藻、浮萍、金鱼藻、空心菜、象草、苏丹草、宿根黑麦草等。草鱼食量大，最大日食量可达鱼体重量的60%～70%，但它没有消化纤维素的酶，所以对草的消化率很低，排粪量大。草鱼在鱼苗阶段主要摄食池塘中的浮游动物，如昆虫、枝角类、摇蚊幼虫等，也摄食饲料，逐渐长大以后才以食草为主，鱼种阶段以浮萍为最佳食料，以后由嫩草转为较大植物性食物。

草鱼喜清澈水域，多在水草茂盛的流水中活动。池塘养殖时，由于草鱼排粪量多，常常会使水质过肥而不适宜草鱼生活，故宜在草鱼池中混养鲢鱼、鳙鱼，能净化水质，起互利作用。

鲢鱼、鳙鱼、青鱼、草鱼是我国"四大家鱼"。

5. 鲤鱼

鲤鱼（见彩图5）隶属鲤形目、鲤科、鲤属。鲤鱼在全国各地均有分布，是我国重要的养殖鱼种。

（1）形态特征。鱼体呈梭形而略扁，背部呈灰黑色，腹部呈浅白或淡灰色，侧线下方及近尾柄处呈金黄色（体色因品种而异，有金黄色、橘红色、粉红色等）。口端为马蹄形，有触须2对，颌须长度约为吻须长度的2倍。个头较大，常见的有0.5～2.5 kg，最大可达15 kg以上。

（2）生活习性。鲤鱼是典型的杂食性鱼类，主要摄食摇蚊幼虫、螺蛳、水生昆虫幼体、虾类等，也摄食一定的水生植物、腐屑等。鲤鱼是底栖性鱼类，适宜生长的水温为25～32℃。对外界环境适应性较强，可以生活在各种水体中。

1.2 淡水甲壳类生物学

1.2.1 日本沼虾

日本沼虾（见彩图6）又名青虾或河虾，隶属节肢动物门、甲壳纲、十足目、长臂虾科、沼虾属。

1. 形态特征

虾体体形粗短，全身由几丁质甲壳覆盖，对机体起支撑、保护作用。虾体大多呈青灰色，常随栖息环境不同而变化，水质清澈，则体色较深；水质肥而混浊，则体色较浅。例如，生活在长江的青虾体色多呈蛋青色，生活在水质恶化池塘中的青虾体色常为褐色。青虾的体色也与不同的季节及蜕皮的多少有关，春、夏、秋三季，青虾生长旺盛，蜕皮次数多，故体色多呈半透明状；到了冬季，青虾一般伏在水底越冬，生长发育十分缓慢，甲壳上常附生藻类、污物，且一般不蜕壳，因而体色较深。此外，将青虾从一个水质环境转移到另一个水质环境中时，青虾的体色也会发生变化。

2. 生活习性

（1）栖息习性。青虾终身生活在湖泊、河流、池塘、水库等淡水水域中，在低盐度的河口中也能生存，尤其喜欢生活在沿岸软泥底质、水流平缓、水深小于1.5 m、水生维管束植物比较繁茂的水域。

青虾栖息习性随生长发育的不同阶段而发生显著变化。幼体阶段有明显的趋光性，常常被弱光诱集，但畏惧直射的强光，其腹部朝上，背朝下，尾部倾斜向上，头部朝下，呈倒悬状向后运动；幼虾阶段逐渐由营浮游生活向营底栖生活转变，常生活于浅水区，喜攀爬水草、树枝等；成虾阶段有明显的负趋光性，昼伏夜出，白天一般潜伏于阴暗的水草丛中或沙石空隙处，夜间进行觅食，傍晚尤为活跃。在人工饲养的情况下，白天投喂，青虾也争食。

青虾是广温性动物，能忍受不低于0℃的水温。青虾的生活地点及水层常随季节不同而变化。冬季和初春潜伏在水底或水草丛中越冬；春季水温上升后，多在沿岸浅水带活动；夏季水温较高时向深水处移动；秋季多在沿岸浅水处活动、觅食。

青虾的游动能力较弱，只能短距离游动，在草丛中或其他固着物上做攀爬活动。在遭遇敌害攻击时，能用腹部急剧收缩，尾扇拨水，使身体骤然后退甚至跃出水面，以逃避攻击。

（2）摄食习性。青虾是以动物性饲料为主的杂食性动物，幼体及幼虾阶段主要以浮游生物、有机碎屑为食；成虾阶段（自然水域）的饲料范围广泛，主要有水生蠕虫、水生昆虫、小型甲壳类、底栖小型无脊椎动物、水生动物尸体、单细胞藻类、丝状藻类、水生植物、植物碎屑等。人工养殖条件下，可投喂颗粒饲料，也可根据当地资源，投喂米糠、粗粉、豆渣、豆饼、花生饼、麸皮、米糠、酒糟，以及浮萍、水草等廉价植物性饲料，辅以粉碎的小杂鱼、蚌肉、螺、蝇蛆、蚯蚓、陆生昆虫、肉食品加工下脚料等动物性饲料。青虾主要靠嗅觉和触角寻找食物，觅食时，青虾的触角不停地在水中探索，当找到食物时，即用第1、第2对步足将食物钳起送入口中。由于青虾的消化道短而直，因此常常不停地摄食，以满足生长、发育的需要。在青虾的生长中，需要动物性营养成分，尤其是在人工高密度养殖的条件下，在生长旺季要加大动物性饲料的投喂比例，做到饲料充足，避免饥饿的青虾对蜕皮期间的软壳虾造成威胁，提高青虾的成活率、规格、产量。

青虾食量有明显的季节性，主要随水温的变化而变化。一般水温超过10℃时开始摄食，随着水温的升高，摄食强度也相应增加；水温20~30℃，青虾的摄食能力最强，生长旺盛；水温达30℃以上时，因水中溶氧不足，使虾的呼吸频率增大，容易造成停食及浮头死亡；水温降至8℃以下时，青虾不再吃食，生长停止，并进入越冬期。

在长江中下游地区，4—11月是青虾的强烈摄食期。在此期间出现两个摄食高峰期，即4—6月和8—11月。其中，4—6月是越冬后的老龄虾产卵前形成的摄食高峰期，这些老龄虾需要摄食大量营养物质以促进性腺发育；8—11月是当年虾育肥阶段形成的摄食高峰期。10月中旬后水温开始下降，摄食减少；11月下旬开始进入越冬期，越冬期在温度较高时可以在栖息地周围觅食，主要是植物碎片和有机碎屑；而12月至次年3月，青虾的摄食强度明显下降，这时80%以上的青虾胃内只有少量食物或空胃。

青虾摄食强度除了随季节、水温不同而变化外，还与昼伏夜出的习性有关。

3. 蜕壳与生长

（1）蜕壳。青虾一生中蜕壳约20次，每次蜕壳后虾体有明显增长。青虾在蜕壳时，一般侧卧于浅水区水草丛或沙石隙中，青虾完成1次蜕壳约需10分钟，刚蜕完壳的虾体十分柔软，活动能力和抵抗能力都很弱，易被同类或其他肉食性动物所食，因此，常卧于水底草丛、沙石缝隙等隐蔽场所蜕壳，以躲避敌害侵袭。青虾在每次蜕壳前1~2天停止摄食，蜕壳后1~2天逐渐恢复进食，随着摄食的增加，开始积累营养，新壳变硬，为下一次蜕壳生长做准备。蜕壳的速度取决于虾的健康程度、营养状况、水温高低和是否受到干扰。蜕壳可以在白天进行，但是大多在黄昏后进行，主要在夜间和黎明前。

（2）生长。青虾生长速度较快，一般5—6月繁殖的虾苗，15天左右完成变态，20天左右体长可达 1 cm，40~50 天体长可达 3 cm 左右，此时性腺已发育成熟。当年 11 月，雄虾体长可达 4~5 cm，重量达 3~5 g。生长满 1 年的雄虾体长达 7 cm 以上，雌虾体长 5~6 cm。少数雄虾体长可达 10 cm 以上，重量达 10 g 以上；雌虾体长 8 cm 以上，体重 7 g 以上。

不同性别的青虾，生长速度也不同。体长 3 cm 以下未成熟的个体，雌、雄虾的生长速度基本一致；当开始性成熟时，雌虾由于卵巢的迅速发育，大部分营养用于卵细胞发育，因而生长速度变慢，而雄虾的性腺发育不像雌虾卵巢发育那样需要大量营养，因而生长速度仍然很快；性成熟后，雌、雄虾的个体差异逐渐明显，雄虾的规格明显大于雌虾。

青虾的寿命一般只有 14~18 个月，雄虾寿命比雌虾短，有的雌虾寿命可达 26~27 个月。5—6 月孵化的虾苗，到次年 5—6 月进入繁殖期，一般完成繁殖任务后，7—8 月开始大批死亡，只有少数雌虾能活到 10 月。

4. 繁殖

（1）产卵季节。青虾的产卵季节因各地气温不同而有所差异。在长江中下游地区，通常 6—7 月产卵的青虾为越冬后的个体，规格较大，最大体长可达 8 cm。而 8 月后抱卵的雌虾有一部分为当年繁殖的个体，占抱卵虾群体的 35%，规格较小，一般体长 3 cm 左右，最小的体长仅为 2.5 cm。青虾交配后，当水温在 22~25℃时，一般 7~8 h 产卵。雌虾把卵抱在腹部孵化。

（2）产卵量。青虾的绝对产卵量（抱卵量）随环境、营养等不同条件有差异，一般随着个体体长、体重的增加而增加。一般越冬后的雌虾体长为 4~6 cm，重量为 2.8~4.5 g，最大抱卵量为 5 000 粒，最少的仅为 600 粒，一般为 1 000~2 500 粒。当年性成熟的雌虾体长为 2.4~3.1 cm，重量为 0.5~0.9 g，其抱卵量为 200~700 粒。

青虾的相对产卵量随着体长的增加而增加。如体长为 2.5~3.0 cm，其产卵量为 100~120 粒/cm；体长为 3.6~4.0 cm，其产卵量为 250~280 粒/cm；体长为 5.0~6.0 cm，其产卵量为 400~500 粒/cm。

（3）产卵次数。青虾生命周期短，在野外条件下一生产卵 2~3 次。5—6 月繁殖出的第一批虾苗到 7 月下旬至 8 月，雌虾体长达 2.5 cm 以上时即成熟产卵。产卵期只有 1 个月，所以一般只能产 1 次卵，极个别小虾能产 2 次卵。6 月下旬以后产的虾苗，当年一般不再产卵。越冬后的老龄虾到次年 5 月又进入产卵期，可连续产 2 次卵。在第一次产出的卵孵化期间卵巢又重新发育，到第一次卵孵出时，卵巢即达第二次成熟，接着进行第二次产卵，两次产卵相隔 20~25 天。

1.2.2 南美白对虾

南美白对虾（见彩图7）又名凡纳对虾，俗称白肢虾或白对虾，曾翻译为万氏对虾，隶属节肢动物门、甲壳纲、十足目、游泳亚目、对虾科、对虾属。

1. 形态特征

南美白对虾外形与墨吉对虾、中国对虾相似。成体最长可达 23 cm，甲壳较薄，正常体色为浅青灰色，全身不具斑纹。步足常呈白垩色，故也称之为白肢虾。

雌虾具开放性纳精囊，位于第 3~4 对步足之间。雄虾第 1 腹肢的内肢特化为交接器，后者略呈卷筒状，其表面布有不同形状、大小的沟缝和突起。

2. 生活习性

（1）栖息习性。南美白对虾自然栖息区为泥质海底，潜沙的特性不强，成虾多生活在沿岸水域，幼虾则喜欢在饲料丰富的河口区觅食生长。养殖的南美白对虾白天一般都静伏于池底，入暮后则活动频繁。蜕皮通常在上半夜进行，两次蜕皮的时间间隔约为 20 天。南美白对虾性情温和，实验室养殖过程中少见个体间的相互蚕食现象。

南美白对虾对环境适应能力很强，能在水温为 9~40℃ 的水域中存活，生长水温为 15~38℃，最适生长水温为 22~35℃。南美白对虾为热带虾种，对高温忍受极限可达 43.5℃（渐变幅度），对低温适应能力较差，18℃ 时便停止摄食，9℃ 时开始出现死亡。

南美白对虾属于广盐性虾类，其盐度适应范围为 0~45，最适盐度范围为 10~25。低盐度驯化后可在盐度为 1~2 的水中生活，也可以在淡水池塘中养殖。

南美白对虾抗低氧能力突出，可忍耐的最低溶氧值为 1.2 mg/L，在养殖过程中通常要求水体溶氧值高于 4.0 mg/L，最低不得低于 2.0 mg/L。南美白对虾对 pH 值的适应范围为 7.3~8.6。

（2）摄食习性。南美白对虾属于杂食性种类，但偏向肉食性。在自然界中，多以小型甲壳类、桡足类等生物为食。在人工养殖条件下，对动物性饲料的需求并不十分严格。只要饲料成分中蛋白质含量在 20% 以上，便可正常生长。

3. 生长

南美白对虾生长速度较快，在盐度 20~40、水温 30~32℃ 的自然条件下，从虾苗至成虾的 6 个月内，平均每尾对虾的重量可增至 41 g，体长由 1 cm 增加到 14 cm。在自然条件下，南美白对虾生长 12 个月以上，头胸甲长度达到 4 cm 左右时，即可达到性成熟。南美白对虾的平均寿命可达 32 个月以上。

4. 繁殖

（1）交配与受精。南美白对虾雌虾具开放型纳精囊，其雌雄虾性腺完全成熟后，方可进行交配。交配通常在晚上进行,一般发生在雌虾产卵前几个小时。雄虾将精荚黏附于雌虾胸部第3~4对步足间的纳精囊处。交配数小时后,雌虾便开始产卵,精荚同时释放精子,精卵在水中完成受精过程。

(2) 幼体发育。南美白对虾受精卵的直径约为0.28 mm,在水温29~32℃、盐度为30的条件下,从受精卵到孵化出幼体只需12小时。刚孵化出的幼体称第Ⅰ期无节幼体,其经过6次蜕皮后成为第Ⅰ期溞状幼体。溞状幼体蜕皮3次后进入糠虾期,糠虾再经过3次蜕皮后成为仔虾。上述过程需要经历12次蜕皮,历时约12天。

1.2.3 罗氏沼虾

罗氏沼虾(见彩图8)又名淡水长臂大虾、马来西亚大虾、金线虾等,隶属甲壳纲、十足目、游泳亚目、长臂虾科、沼虾属,是世界上最大的淡水虾。

1. 形态特征

罗氏沼虾一般呈淡青蓝色,间有棕黄色斑纹,性成熟雄虾第二步足多呈蔚蓝色。体色常随栖息环境不同而变化,水域透明度大,体色淡;水域透明度小,体色常较深。

罗氏沼虾全身分头胸部和腹部,头胸部粗大,腹部自前向后逐渐变小。头部和胸部的体节无法区别开来,但各体节相应的附肢分别存在。一般来说,雄虾成虾个体较雌虾大,雄虾第二步足特别发达、粗壮,其长度为雌虾的1.5~1.7倍。

2. 生活习性

(1) 栖息习性。罗氏沼虾自幼体成为幼虾直至长成成虾,均在淡水中营底栖生活,多栖息在水域边缘地带,也喜攀缘于水草、树枝或其他附着物上。白天多呈隐蔽状态而活动较少,有时也觅食;夜间活动频繁,觅食、蜕皮、产卵、孵化均在夜间进行。罗氏沼虾活动能力较弱,遇敌害时,借腹部急剧收缩并用尾扇向前划水,使身体迅速向后弹跳避敌。

罗氏沼虾育苗时水温一般控制在28~30℃。实验条件下,环境水温在18~25℃时,仔虾、成虾和亲虾(用于繁殖虾苗的已达性成熟的雄虾和雌虾)都能存活,但水温低于20℃时,仔虾在池塘中成活率很低。而亲虾必须在环境水温24℃以上时才交配抱卵,若水温超过30℃,亲虾成活率不高。

养殖水环境溶氧量的高低是影响罗氏沼虾生长的一个重要因素。溶氧量充足,水质清新,有利于罗氏沼虾的生长;溶氧量低于一定值时,会出现浮头现象。研究表明,罗氏沼虾养殖池中的溶解氧不应低于2.8 mg/L。不同性别、不同生理状态的罗氏沼虾在不同的生活阶段,其窒息点有很大差异,溞状幼体高于幼虾,幼虾高于中虾,中虾高于成虾,雄虾高于雌虾,抱卵虾高于非抱卵虾。

(2) 摄食习性。罗氏沼虾的食物组成随不同的生长发育阶段而异。幼虾阶段为杂食性，可摄食水中的小型甲壳类、动物尸体、有机碎屑、昆虫幼体、人工配合饲料等；成虾阶段食性更杂，动物性饲料（包括破壳软体动物、鱼肉碎片、动物尸体、小型甲壳类等）和植物性饲料（包括鲜嫩的水生植物，各种饼、藻类等）均可摄食。罗氏沼虾偏喜动物性饲料，特别是在饥饿情况下，常出现同类相残，弱者、蜕皮后软壳虾常成为其同类的直接饲料。

3. 蜕皮与生长

罗氏沼虾蜕皮一般有以下几个目的：一是发育蜕皮，溞状幼体经多次蜕皮变态成幼虾，通过蜕皮，个体逐渐长大，形态日趋完善；二是生长蜕皮，罗氏沼虾生长是通过蜕皮实现的，每蜕一次皮，体重可增加20%~80%；三是生殖蜕皮，此时体重不增加，但其游泳肢基部有许多抱卵刚毛发生；四是以缺损的附肢等的再生为目的的蜕皮。

在适宜条件下，罗氏沼虾溞状幼体蜕皮间隔时间为1~3天（28~30℃），幼虾为4~6天（24~30℃），成虾为7~10天（24~30℃），亲虾为15~20天（24~30℃）。罗氏沼虾蜕皮多在夜间进行。蜕皮前1~3天摄食量减少，蜕皮时虾多呈静止状态，有时前后左右摆动，蜕皮时，头胸甲先从与腹甲结合处裂开脱出，最后强力跳动舍却头部的旧壳，蜕皮过程在数分钟内完成。蜕皮后至少10小时内虾体柔软，不能正常游泳和爬行，仅能弹跳，此时很容易受到同类或其他敌害的侵袭。

4. 繁殖

（1）雌雄虾的鉴别。罗氏沼虾为雌雄异体，体外受精。性成熟亲虾个体中，雌雄虾在外形上具有不同的特征。

1）同龄个体中，雄性个体较雌性大。

2）雄虾第二步足比雌虾的增长快，体长6~8 cm的雄虾第二步足已接近体长，之后步足的生长快于体长，最终第二步足长与体长之比达1.4以上；而雌虾第二步足长与体长之比一般小于1。性成熟雄性个体第二步足比较粗长，呈蔚蓝色；雌虾的第二步足比较细短，呈灰蓝色。

3）罗氏沼虾的性腺位于心脏与胃囊之间，雄虾的输精管开口于第五步足基节；雌虾输卵管开口于第三步足基节。成熟的卵巢比精巢大，呈橘黄色，透过头胸甲清晰可见。

4）性成熟雌虾第1~3腹侧甲延长加宽形成抱卵腔，雄虾没有。

5）雄虾第二腹足内肢与附肢之间有一棒状雄性附肢，而雌虾无此结构。

6）雌虾的第3~5步足底节距离较宽，形成"八"字形，称为精子受纳区，而雄虾则靠得较近。

（2）成熟。罗氏沼虾为当年性成熟类型，一般淡化虾苗经4~5个月的养殖可达性成熟，养殖中也发现仅3月龄的罗氏沼虾便开始抱卵。

(3) 产卵。只要水温适宜，罗氏沼虾可常年产卵。据观察，其产卵的下限水温为24℃。

(4) 交配。罗氏沼虾雌雄虾交配发生在雌虾生殖蜕皮之后，新壳硬化之前，雄虾排出的精荚黏附于雌虾的第4~5对步足之间。

(5) 产卵受精。雌虾在交配后24小时内产卵，产出的卵子与精荚中排放的精子相遇，完成受精过程。雌虾每次产卵前都需与雄虾交配，两次产卵间隔30~40天，一年可产卵多次。罗氏沼虾每次产卵量随雌虾个体大小及卵巢发育状况不同而有所不同。

(6) 孵化。罗氏沼虾卵为中黄卵，卵中充满卵黄。刚产出的卵呈椭圆形，卵径约0.6 mm，橙黄色，随胚胎发育，卵径增至0.7 mm，卵色因卵黄逐渐消耗而依次变为淡黄色、浅灰色和深灰色。卵呈深灰色时，预示溞状幼体即将孵出。

1.2.4 中华绒螯蟹

中华绒螯蟹（见彩图9）又称河蟹、毛蟹、清水蟹、大闸蟹，隶属节肢动物门、甲壳纲、十足目、方蟹科、弓腿蟹亚科、绒螯蟹属。其螯足用于取食和抗敌，掌部内外缘密生绒毛，绒螯蟹因此而得名。

1. 生物学特性

(1) 栖居方式。河蟹喜欢在水质清新、水草丰盛的淡水湖泊、江河中栖息。其栖息的方式有隐居和穴居两种，洞穴大小、深浅与河蟹个体大小有关，洞口呈扁圆形或半月形，穴深20~80 cm，与地面呈15°左右倾斜。在饲料丰富、水位稳定、水质良好、水面开阔的湖泊中，河蟹一般不挖穴，隐伏在水草和水底淤泥中过隐居生活。通常隐居的河蟹新陈代谢较强，生长较快，体色淡，腹部和步足水锈少，素有"青背、白脐、金爪、黄毛清水蟹"之称。而穴居的河蟹新陈代谢较弱，生长较慢，体色较深，腹部和步足水锈多，素有"乌小蟹"之称。

(2) 食性。河蟹属于杂食性甲壳类。动物性食物有鱼、虾、螺、蚌、蚯蚓、水生昆虫等；植物性食物有轮叶黑藻、金鱼藻、伊乐藻、菹草、马来眼子菜、苦草、浮萍、凤眼莲（水葫芦）、喜旱莲子草（水花生）、南瓜等；精饲料有豆饼、玉米、蚕豆、小麦等。河蟹食量大，消化能力强。饱食后多余的养料贮藏在肝脏中（即蟹黄），因此它的耐饥能力也很强，长达1个月不吃食也不致饿死。水温在5℃以下时，河蟹的代谢水平很低，摄食强度减弱或不摄食。

(3) 争食和格斗。河蟹不仅贪食，而且还有抢食和格斗的习性，主要有以下三种情况。

1) 在人工养殖条件下，养殖密度大，易发生争食和格斗。

2) 投喂动物性饲料时，为了争食美味可口的食物而互相格斗。

3）在交配产卵季节，几只雄蟹为了争一只雌蟹而格斗。

为避免和减少格斗，在人工养殖时可采取以下措施：饲料多点投放，均匀投放；动物性和植物性饲料要合理搭配；刚蜕壳的"软壳蟹"要加以保护（如增加作为隐蔽物的水草数量、投饲区应与蜕壳区分开等）。

（4）感觉和运动。河蟹的感觉灵敏，对外界环境反应迅速，既能在水中短暂游动，又能迅速爬行和攀登高处。由于它的步足位于身体两侧，关节向下弯，迫使它适于横行，又因各对步足长短不等，因此爬行时总是斜向前方。河蟹有敏感的视觉、嗅觉和触觉。河蟹的攀高能力很强，在蟹苗和仔蟹阶段，由于其身体轻，依靠附肢刚毛上的吸附水能在潮湿的玻璃上垂直爬行。因此，河蟹在小水体养殖时，需要设置良好的防逃设备。

（5）对温度的适应。河蟹对温度的适应范围较大，水温1~35℃均能生存。通常水温下降至10℃以下，河蟹仍摄食；水温在5℃以下，河蟹基本上不摄食。河蟹对高温的适应能力较差，河蟹在30℃以上的水域中生活，为躲避高温，其穴居的比例大大提高；特别是蟹种，在30℃以上水域中的生长时间过长容易产生性早熟。因此，池塘小水体养蟹，在夏季必须采取降温措施。

2. 蜕壳与生长

（1）蜕壳。河蟹的生长伴随着蜕壳而进行。

1）河蟹蜕壳需要浅水、弱光、安静和水质清新的环境。河蟹通常在水面下5~10 cm处蜕壳。紫外线对蜕壳后的软壳蟹杀伤力很强，因此，河蟹一般不在日间蜕壳，其喜欢在水生植物的隐蔽下蜕壳，黎明是蜕壳高峰期。

2）蜕壳前河蟹体色深，蟹壳呈黄褐色或黑褐色，腹甲水锈多，步足硬；蜕壳后的河蟹体色淡，腹甲白，无水锈，步足软。

3）河蟹在蜕壳时及蜕壳完成前不摄食。

4）河蟹蜕壳后，身体软弱无力，称为软壳蟹，需要在原地休息0.5~1小时，待其体内吸水后皮肤（甲壳）褶皱全部舒展，才能爬动，钻入隐蔽处或洞穴中。河蟹在蜕壳后极易受同类或其他敌害生物的侵袭。人工养殖时，促进河蟹同步蜕壳并保护软壳蟹，是提高河蟹成活率的关键技术之一。

5）河蟹蜕壳后体内吸收大量水分，其体重明显增加。之后随肌肉组织的生长，体内含水量逐步下降。但其增长值不是固定不变的，一是与其发育阶段有关，一般来说，成蟹阶段第一次蜕壳体重增长15%~20%，而到最后一次成熟蜕壳体重则增长90%以上；二是与其营养水平有关。

6）河蟹蜕壳与营养密切相关。河蟹蜕壳时，除了生长所必需的营养物质外，蜕壳素起重要作用。蜕壳素是一种类固醇激素，又称蜕皮激素。没有蜕壳素的参与，河蟹不能完成蜕壳过程，也就不能正常生长，甚至造成蜕壳不遂而死亡。

（2）生长。河蟹的生长受环境条件影响很大，特别是受饲料、水温、水质等制约。水域水质、水温条件适宜，饲料丰富，蜕壳次数多，每次蜕壳后的增重量大，河蟹生长迅速，个体也大。

河蟹生长时的体重呈异速生长，在次年的6—10月生长最快，其体重呈指数级上升。

1.2.5 克氏原螯虾

克氏原螯虾（见彩图10）又名红螯虾或淡水小龙虾，隶属甲壳纲、十足目、爬行亚目、螯虾科、原螯虾属，是存活于淡水中的甲壳类动物。成体体长5.6~11.9 cm，呈暗红色，甲壳部分近黑色，腹部背面有一楔形条纹。幼虾体为均匀的灰色，有时具黑色波纹。螯狭长，甲壳中部不被网眼状空隙分隔，甲壳上明显具颗粒。额剑具侧棘或额剑端部具刻痕。

1. 生活习性

（1）栖息习性。

1）对环境的适应性。小龙虾对环境的适应能力很强，在各种淡水或低盐度水体都能生存，如湖泊、河流、池塘、河沟和水田，有些个体甚至可以忍受长达4个月的干旱环境。通常，小龙虾在水草丛生或有机碎屑及腐殖质丰富的水域中分布密度较高。白天光线强烈时，小龙虾大都喜欢栖息于水草之下或躲藏于洞穴中，晚上多数栖息于水草上或池岸边，活动范围大于白天。

在气温不超过18℃的条件下，小龙虾离水后可存活7~15天，夏季离水后在保持湿润的条件下可存活2~5天。冬季枯水期，岸边泥洞中的成虾利用雨水和晚间的露水，使鳃部保持湿润可存活1~2个月，甚至更长。脱水时间较长的虾若投放到水中，将会产生应激反应和拒食现象，成活率低于50%。

小龙虾对重金属有较强的耐受力，这也是小龙虾有较高耐污能力的原因之一。小龙虾对农药和渔药反应敏感，有机磷类药物质量浓度只要超过0.7 mg/L，就会产生中毒。通常所用的鱼类安全消毒药物，如漂白粉、生石粉等，只要加大剂量，小龙虾也会或轻或重地产生中毒反应。因此，追施石灰进行水体消毒时的质量浓度不应超过5.0 kg/亩，过量使用石灰将对小龙虾的生长产生不利影响。

小龙虾对水温并无特殊的要求，其生存水温为1~40℃，最适水温为20~32℃。当温度低于20℃或高于32℃时，生长率下降。成虾耐高温和低温的能力比较强，当水温低于10℃时，便会潜入洞内越冬，但整个冬季小龙虾仍有爬出洞穴觅食的活动；当水温高于

33℃时，白天进入深水区，晚上则大多集中在浅水区或草丛中觅食。小龙虾喜欢中性和偏碱性的水体，pH值在7~9时最适合其生长和繁殖。

2）领域行为和好斗习性。小龙虾具有很强的领域行为，小龙虾个体会精心选择某一区域作为其领域，在其区域内进行掘洞、摄食及其他活动，不允许其他同类进入。小龙虾在密度过高、饲料不足和水质较差的情况下，相互攻击残杀现象尤为严重。

3）洞穴潜伏习性。小龙虾具有很强的掘洞能力，喜欢用螯打洞潜伏。在冬夏两季常营穴居生活，一般夏季洞穴较浅，冬季洞穴较深。小龙虾掘洞时间多在夜间，成虾的洞穴深度在50~80 cm，少部分可以达到80~150 cm；幼虾洞穴的深度在10~25 cm。小龙虾遇到水位降落及温度不适应时，进入洞穴中躲避不良环境，尤其是进入夏季高温和冬季寒冷季节时，小龙虾大量穴居，以躲避极端温度。在天然水域，小龙虾在7—10月繁殖，此时掘洞强度增大，小龙虾的交配产卵是在洞穴中进行的。小龙虾的穴居习性要求养殖池塘底质以黏土或壤土为宜。

4）迁徙习性。小龙虾游动能力较差，遇到敌害或惊吓，即以弹跳躲避。小龙虾对水流不敏感，当稻田或池塘排水或注水时，大多数小龙虾仍滞留在原地或钻进草丛和洞穴中，顺水而下或逆水上溯的数量极少。在自然条件下，一般仅在同一个水域中活动，迁徙范围较小，我国小龙虾的扩散主要是人为携带、运输导致的；但小龙虾有较强的迁徙能力，特别喜新水、活水，在养殖池中常成群聚集在进水口周围。下大雨时，小龙虾会逆水流上岸，从一个水域进入另一个水域，并在迁徙过程中完成觅食、交配等活动。水中环境不适时也会爬上岸边栖息，并在暴雨之夜爬上岸寻找食物和寻找新的栖身环境。因此，养殖场地要有防逃的围栏设施。

(2) 摄食习性。小龙虾为杂食性动物，喜食各种肥嫩的水草、水体中的水生昆虫、底栖动物、软体动物、大型浮游动物，以及各种鱼、虾的尸体及人工投喂的饲料。幼虾具有捕食水蚯蚓等底栖生物的能力；成虾的食性较杂，能捕食甲壳类、软体动物、水生昆虫幼体、水草，植物的根、茎、叶，水底淤泥表层的腐殖质及有机碎屑等。

小龙虾在野生条件下，以水生植物和有机碎屑为主要食物，因此人工养殖小龙虾时，不能忽视水草的种植，只有在水草丰盛的条件下才能取得较好的养殖效果。但虾苗在缺少有机碎屑、仅以水草为食时的生长速率降低，这与水草不适口有一定的关系，因此应补充投喂人工颗粒饲料，以满足虾苗的生长需要。

小龙虾的摄食能力很强，且具有贪食、争食的习性，饲料不足或群体过大时，会有相互残杀的现象发生，尤其会出现硬壳虾残杀并吞食软壳虾的现象。小龙虾养殖如果以投喂颗粒饲料为主，应少量多餐。小龙虾摄食活动主要在浅水水域，摄食不分昼夜，但具有明显的昼夜规律，晚间摄食活动明显多于白天，其摄食规律主要受光照、温度、季节等环境影响，小龙虾主要在傍晚觅食，摄食高峰为 18：00—21：00。

小龙虾耐饥饿能力很强，十几天不进食，仍不会死亡。但在生长季节长期处于饥饿状态下的小龙虾，将出现蜕壳激素和酶类分泌混乱，一旦水温升高或水质变化，就会出现蜕壳不遂并大批量死亡。

2. 蜕壳与生长

小龙虾通过蜕壳来实现生长。小龙虾蜕壳大多在夜间的洞内进行，也有在白天的草丛中进行。蜕壳之前，小龙虾先选择水草较丰盛的地方打洞或者潜伏在草丛中，并停止进食。刚蜕壳后的个体最容易遭受同类的攻击，小龙虾在蜕壳期被残杀是养殖过程中成活率降低的主要原因之一。

小龙虾的蜕壳与水温、营养及个体发育密切相关。24~28℃水温条件下，幼体一般 2~5 天蜕壳一次；离开母体后的幼虾，5~8 天蜕壳 1 次。随着虾体的长大，蜕壳周期也随之延长至 8~20 天，性成熟后每年的蜕壳次数减少至 1~2 次。体长 10 cm 的个体，蜕壳后体长可增加 13%。如果水温高、食物充足，则蜕壳时间间隔短。在水温 25~30℃条件下，饲养 6~8 个月，体重可达 60~150 g。

掌握所养殖小龙虾的生长阶段，有利于正确实行养殖管理。小龙虾生长繁殖很快，若是采用春天繁殖的虾苗人工喂养，4 个月体长就可长到 7~9 cm，体重为 15~30 g；若是采用初夏繁殖的虾苗，3 个半月就可长到体长 8 cm 左右，体重为 25~30 g；若是采用秋冬繁殖的虾苗，越冬后经过 4~5 个月的饲养，体长可达 9~10 cm，体重为 25~45 kg。

小龙虾通常从受精卵开始，经发育变态脱膜成仔虾，仔虾经生长发育成为幼虾，幼虾生长发育至性腺成熟成为成虾，一般生命周期为 13~25 个月。

3. 繁殖

(1) 性成熟。在天然环境条件下，小龙虾需要 6~12 个月的生长才能达到性成熟，性成熟时的体重多为 25 g 以上，偶尔也有发现体重为 15 g 的抱卵雌虾，但产卵群体中，以体重 30 g 以上的个体为主。同龄亲虾中，雄虾个体稍大于雌虾。小龙虾的性成熟周期因虾苗生长环境的不同而存在差异。在长江流域，春季孵化出膜的虾苗长至 10~12 月龄即可性成熟；夏、秋季孵化出膜的虾苗经越冬后，长至次年 5—10 月即可性成熟。每年的 9—11 月初，是春季和夏、秋季繁育出的虾苗达到性成熟并产卵繁殖的重叠区，因此，该时期是小龙虾产卵相对集中的繁殖高峰期。

(2) 产卵与交配。只要水温适宜，小龙虾在任何时期都能交配产卵。在自然环境中，小龙虾产卵有两个高峰期，一个为 5 月左右，另一个为 9—11 月。在我国多数地区，淡水小龙虾的产卵高峰期主要在 9—11 月，10 月是该虾产卵最为集中的月份，1—2 月由于水温太低，很少有虾产卵，3—8 月水温升至 12℃以上时，性成熟的亲虾就有交配和产卵的活动。

我国长江流域的自然环境条件下,同一只雌虾一年一般可产两次卵。

小龙虾的产卵量较少,产卵粒多少与亲虾个体大小及营养有关。每次产卵少则几十粒,多则500~1 000粒,多数个体产卵量为150~300粒。通常个体越大,产卵量越多。

在生长环境比较适宜的条件下,经过3个月的生长后,可长成体重25~40 g的商品虾。

1.3 龟鳖类生物学

1.3.1 中华鳖

中华鳖(见彩图11)又名水鱼、甲鱼、团鱼,隶属龟鳖目、鳖科、鳖属。它没有有效的亚种分化,却存在着地理变异。

1. 形态特征

中华鳖属于中小型鳖类,背甲扁平,长略大于宽,裙边发达,身体背面呈灰绿色,分布有许多不甚明显的疣粒,腹甲呈黄白色,幼鳖有大型黑色块状斑纹。七块硬皮分布于舌腹甲、下腹甲和剑腹甲,少数分布于上腹甲。吻部呈管状,吻突长约等于眼径。上颌稍长于下颌,无齿,具角质喙。眼后缘有一纵行黑色条纹。四肢粗短,为五趾型。前肢前方生有角状鳞,四足具蹼。雄性较雌性体薄、扁平,且雄鳖尾巴较长,超出裙边。泄殖孔位于尾的亚末端处。

2. 生活习性

中华鳖杂食性,但以动物性食料为主。自然界中,鳖以鱼、甲壳动物、软体动物、昆虫、水蚯蚓、蛙和某些植物茎叶、种子为食。

中华鳖是次生性水生爬行动物,具很强的潜水能力。中华鳖栖息于江河、湖泊、水库、池塘、运河和水流平缓的小溪中,白天常潜入水底,偶尔到岸边晒背。在长江流域一带,每年10月底至次年4月初,当水温低于15℃时,中华鳖潜入水底泥沙中冬眠。

中华鳖水中呼吸主要依靠口咽腔呼吸(约2/3)和皮肤呼吸(约1/3),陆上呼吸由通气期和非通气期交替构成。

温度、光照强度对中华鳖的摄食和生长有明显的影响,光照越弱,摄食量越大,生长率越高。

中华鳖对水体盐度的耐受性很低,溶液安全浓度为0.11%。对强酸强碱的耐受性强,在 pH 值为 2~11.5 的水体中，至少存活 96 小时。中华鳖生长的适宜 pH 值为 7.2~8。沙底质有利于中华鳖生长，但对存活率无影响。

1.3.2 乌龟

乌龟（见彩图 12）在动物分类学上隶属爬行纲、龟鳖目、龟科，是常见的龟鳖目动物之一。乌龟是一种半水栖性的爬行动物，多分布在热带和温带。

1. 形态特征

乌龟体表有特殊的龟壳，头尾和四肢可以从龟壳中伸出、缩入。整个身体呈盒状，全身可分为头颈部、躯干部、四肢及尾。头部背面略呈三角形，黑色或棕黑色，口位于头的前端，头顶前部平滑，后部呈细粒鳞状，上下颌均无齿，颌缘被以坚韧的角质鞘，称为喙。鼻孔位于吻的前端，嗅觉及触觉较发达。眼位于头的两侧，有眼睑和瞬膜，中耳的鼓膜位于眼后，没有外耳，对空气传播的声音感觉迟钝，而对地面传导的振动敏感。肺呼吸，潜入水中时可用泄殖腔两侧的肛门囊在水中进行气体交换。泄殖孔呈圆形，体内受精，雄性有交接器，充血膨大时前端呈扁状。四肢略扁平，指、趾间均具蹼膜，适合于陆地爬行，也可在水中游泳。除后肢第五趾，其余指、趾的末端均有爪。

2. 生活习性

（1）水陆两栖性。乌龟俗称金龟、泥龟、草龟等，是半水栖、半陆栖性爬行动物。乌龟用肺呼吸，平时生活在水中，栖息于江河、湖泊、水库、塘堰等水域。夏日炎热时，便成群地寻找阴凉处，夜晚又喜欢到陆地上寻找食物。乌龟体表有发达的龟甲，能减少水分蒸发，而且性成熟的龟将卵产在陆地上，不需要经过完全水生的阶段。

（2）杂食性和群居性。乌龟属于杂食性动物，动物性饲料主要有昆虫、蠕虫、小鱼、虾、螺、蚌、蚬、蚯蚓、动物内脏、瘦肉等；植物性饲料主要有植物茎叶、浮萍、瓜果、蔬菜、麦粒、谷物、杂草种子等。乌龟耐饥饿能力强，数月不食也不会饿死。乌龟胆小，遇到敌害或受惊吓时，便把头、四肢和尾缩入壳内。性情温和，相互间少咬斗，喜欢集群穴居。有时因群居过多，常致背甲磨光滑、四肢磨破皮，但仍不分散。

（3）变温习性。乌龟为变温动物，体温随环境温度的变化而变化，生活规律也随环境温度的变化而更替。当水温降到 10℃ 以下时，将静伏水底淤泥或岸边洞穴中不食不动，进行冬眠。冬眠期可达半年，一般从 11 月到次年 4 月中旬。当水温上升到 15℃ 以上时，开始出穴、摄食和活动。乌龟生长活动的适宜水温为 20~35℃，因此 5—9 月是其适宜的生长阶段，但 7—9 月暑热期温度高于 35℃ 时，乌龟会藏于阴凉处进行夏眠，乌龟在生长季节多在水中觅食，晴天常爬上岸边岩石晒太阳，俗称"晒背"。

1.3.3 鳄龟

鳄龟（见彩图 13）又称鳄鱼龟、小鳄鱼龟、肉龟、美国蛇龟，隶属爬行纲、龟鳖目、鳄龟科。

1. 形态特征

鳄龟长相酷似鳄鱼，集龟和鳄鱼于一体，故称鳄龟。其头部较粗大，不能完全缩入壳内，脖短而粗壮，领背长有褐色肉刺。眼细小，嘴巴上下颌较小，吻尖。尾巴尖而长，两边具棱，棱上长有肉突刺，尾背前三分之二处有一条鳞皮状隆起棱背，并呈锯齿口状。背壳很薄，上皮以棕褐色为主，偶尔棕黄色，背部具有三条模糊棱，并有放射状斑纹。后缘呈齿状，腹部白色，偶有小黑斑点，幼时黑色。四肢粗壮，肌肉发达，爪子尖而有力，善于爬行。

2. 生活习性

鳄龟是食肉动物，也会吃腐食。其食性广而杂，小鱼、小龙虾、各种贝类、水果、蔬菜等都是其猎食对象，野外个体还会捕食蛇类、鸟类。饲养下的大鳄龟食肉类，包括牛肉、鸡肉及猪肉，但要先引诱大鳄龟"开食"。

鳄龟属于水陆两栖动物，生活在浅水层或沼泽地，喜伏于泥沙、灌木、杂草中。白天喜待在水中，常伏于木头或石块上，有时也漂浮于水面，夜晚开始爬动。不怕寒冷，不惧炎热。鳄龟在 2~38℃ 正常生活，1℃ 以上可正常越冬，12℃ 以下进入浅冬眠状态，6℃ 时进入深度冬眠，15~17℃ 少量活动，18℃ 以上正常摄食，20~33℃ 为最佳活动、觅食温度，28~30℃ 为最佳生长温度，34℃ 以上一般伏在水底及泥沙中避暑。在人工养殖条件下，鳄龟对浅水和深水都有较好的适应性，但在稚龟阶段因游泳能力不强，应给予浅水环境。

鳄龟属于凶猛龟类之一，平时在水中不好斗，而在陆地上却能猛冲猛咬，易发生相互残杀现象。大龟（3 kg 以上）会主动攻击人，且速度较快；体重 30 g 左右的幼龟性格温顺，不咬人，无攻击性；体重达 1 kg 以上的龟开始具有攻击能力，所以喂养和捕捉成体鳄龟时，切忌将龟的头部对着人体，以免被咬伤。

技能要求

鱼 体 测 量

操作准备

1. 操作台 1 张，椅子 1 把，记录纸 1 张，答题笔 1 支。

2. 白瓷盘1个，尺1把，乳胶手套1副，鱼1条，毛巾1条。

3. 水桶1个。

操作步骤

步骤1 戴好乳胶手套，从水桶中取出鱼，用毛巾擦干。

步骤2 把鱼放在白瓷盘内。

步骤3 用一手按住鱼。

步骤4 按要求依次测量全长、体长、体高、体宽、吻长、头长、尾柄高、尾柄长、眼径。

步骤5 记录所测得的数据。

步骤6 将桌面收拾干净。

本章测试题

一、判断题（将判断结果填入括号中。正确的填"√"，错误的填"×"）

1. 鲤鱼属于中上层鱼类。（   ）
2. 中华绒螯蟹属于肉食性甲壳类。（   ）
3. 鱼类是变温动物，其体温随着水温的变化而改变。（   ）
4. 尾柄长是臀鳍基底终点至尾鳍基底下端点的水平距离。（   ）
5. 日本沼虾俗称青虾，生活在海水中。（   ）

二、单项选择题（选择一个正确的答案，将相应的字母填入题内的括号中）

1. 鱼的身体可分为（   ）。
   A. 头部、躯干部   B. 头部、躯干部、尾部
   C. 头部、尾部   D. 以上都不是

2. 团头鲂的体形呈（   ）。
   A. 侧扁、菱形   B. 细长、纺锤形
   C. 蛇形   D. 细长、棍棒形

3. （   ）体呈圆筒形，头平，腹圆，两眼间隔大。
   A. 甲鱼   B. 鲫鱼
   C. 鲤鱼   D. 草鱼

4. 南美白对虾体色（   ）。

A. 具有斑纹 B. 呈黄色
C. 呈浅青灰色 D. 具有黑点

5. 有触须的鱼是（　　）。
   A. 鲤鱼 B. 鲫鱼
   C. 团头鲂 D. 鳙鱼

 本章测试题参考答案

一、判断题

1. ×　2. ×　3. √　4. √　5. ×

二、单项选择题

1. B　2. A　3. D　4. C　5. A

第 2 章

水产养殖水域环境

2.1　水域的物理特性　　/28
2.2　水域的化学特性　　/33
2.3　水域的生物特性　　/36

学习目标

◆ 掌握水域的物理特性、化学特性、生物学特性
◆ 熟悉养殖水域环境相关指标的测定

 **知识要求**

2.1 水域的物理特性

2.1.1 太阳辐射

1. 水体的日照长度与日照时数

日照长度是指每天太阳的可照时数，即昼长。日照长度因不同纬度和季节有较大差异。日照时数是指在某一段时间内太阳照射地（水）面的总时数。

2. 养殖水体各水层的光照强度

太阳光在水中辐射强度的变化除了与季节、天气及水中悬浮物质的数量有关外，还与太阳的高度、水的深度和水体生产力有关。光辐射强度随太阳高度角的增大而增强；水中的辐射强度随水深的增加而呈指数函数衰减。

2.1.2 透明度

透明度表示光透入水中的程度，取决于水的混浊度和色度。池水透明度的大小主要随水的混浊度而改变。混浊度是水中混有各种微细物质（包括浮游生物）所造成混浊的程度。在正常天气，池水中泥沙等物质不多，透明度的高低可以大致表示水中浮游生物的丰歉和水质的肥度。一般肥水的透明度为20~40 cm，水中浮游生物量较丰富，有利于鲢、鳙等鱼类的生长。透明度小于20 cm，表明池水过肥，又常常是蓝藻过多的表现；透明度大于40 cm，表明池水较瘦，浮游生物量较小。可根据透明度的大小，决定是否进行施肥。养殖水体的透明度可以用塞氏盘（见图2-1）进行测定。

2.1.3 水色

水色常常随着浮游生物、天气等因素的变化而变化。养殖水体中，水色是由水中的溶

图 2-1 塞氏盘

解物质、悬浮颗粒、浮游生物、周围环境等因素综合形成的，如富有钙、铁、镁盐的水呈黄绿色，富有腐殖质的水呈褐色，含泥沙多的水呈土黄色等。而浮游生物大量繁殖的水，由于各类浮游生物细胞内含有不同的色素，所以当水体中浮游生物的种类和数量不同时，养殖水体就呈现不同的颜色。

1. 水色判别方法

"养鱼要先养好水"，水质的好坏直接影响水产养殖的经济效益、生态效益和社会效益。学会判断水质十分重要，在生产上可从以下四个方面去衡量和判断水质的优劣。

（1）看水色。水色有优劣，详见表2-1。

表 2-1　　　　　　　　　　　　　水色的优劣

水色类别		说明
优质水色	黄褐色水	黄褐色水包括褐色水、褐绿色水，此种颜色的水体中所含的藻类以硅藻门、绿藻门的藻类为主。硅藻是许多水生动物及其幼体的优质食料。硅藻对水体变化的适应性弱，当水环境发生较大变化时，硅藻就会大量死亡，水色也随之变化。当硅藻大量繁殖时，水体的颜色呈黄褐色，该种水色是水产养殖的上好水色
	绿色水	绿色水包括黄绿水、油绿水、蓝绿水、墨绿水、绿中带褐水等，此种颜色的水体中所含的藻类主要以绿藻门的藻类为主，如球藻、新朋藻等。一般情况下，生长绿藻的水体颜色呈黄绿色，绿藻繁殖较多时水色呈鲜绿色。绿藻对水体变化的适应性较强，但要注意水色太绿（如墨绿色）时需要及时换水或加注新水或全池泼洒氯制剂来控制池水中绿藻的数量。绿藻可以大量吸收氮肥，起净化水体的作用
劣质水色	黑绿色	在天气较热时，黑绿色水池塘的下风处常浮有一层绿膜，这说明水体中的浮游植物较多。水体中所生长的浮游植物以裸藻门的藻类为主，如双鞭藻、棘刺囊裸藻等，这是养殖对象不易消化的藻类品种

续表

水色类别		说明
劣质水色	红棕色	红棕色水中，藻类分布不均匀，成团成缕。此种颜色的水体中含有大量甲藻门的藻类，如裸甲藻、多甲藻等。当它们大量繁殖时，水色呈酱油色，是水质变坏的标志
	翠绿色	当水体的颜色呈翠绿色时，水体的透明度降低。当水温升高时，在池塘四周（尤其在下风处）的水面上浮有一层翠绿色的浮膜。此种颜色的水体中常常含有大量的蓝藻，主要为铜绿微囊藻、不定微囊藻等藻类，该水色是水质老化的标志

向水中投放不同饲料和肥料，水体也会出现不同的颜色。如投放牛、马粪，池水呈红褐色；投放鸡粪，池水呈黄绿色；投放较大量螺蛳，水色呈油绿色；投放较大量水草、陆草，水色往往呈红褐色。水色还受天气、土壤、塘泥及周围环境等影响，因此水色不能作为判断水质的唯一根据。

水质恶化是因为水体中所含有的藻类多数是养殖对象不易消化的种类。当这些藻类大量繁殖时，水体中的溶氧量降低，透明度减小。当上述藻类大批死亡时，它们向水体中释放大量的有毒物质，麻痹养殖对象的中枢神经。水质恶化是引起养殖对象疾病的主要原因之一，但这不是一两天就能形成的，而是经过较长时间由各种综合原因引发的。因此，应尽可能做到不间断地监控水质的变化情况，发现问题及时采取相应措施进行处理，防止养殖水体环境的恶化。

（2）看水华。水华也叫藻花，是指淡水水域中一些藻类和其他浮游生物大量繁殖和过度密集而引起的水体污染现象，会造成水质恶化、养殖对象死亡。各种水色的水华特点见表2-2。

表2-2　　　　　　　　各种水色的水华特点

水色	日变化	水华形态	优势种	出现季节	水质优劣
红褐色	显著	蓝绿色云彩状	蓝绿裸甲藻	5—11月，7—8月少	高产池典型水质
	显著	草绿色云彩状	膝口藻	5—11月，7—8月多	
	显著	棕黄色云彩状	光甲藻	5—11月，7—8月少	
	显著	酱红色云彩状	隐藻	4—11月	
红褐色	有	翠绿色云彩状	实球藻	春、秋	肥水、一般
黄褐色	有	姜黄色	小环藻	春、秋	肥水、良好
黄褐色	有，不大	红褐色丝状	角甲藻	春	水质较瘦

续表

水色	日变化	水华形态	优势种	出现季节	水质优劣
浓绿色	有	表层墨绿色油膜，黏性发泡	衣藻	春	肥水、良好
浓绿色	有	碧绿色水华下风处具墨绿色油膜	眼虫藻	夏	肥水、一般
油绿色	有	下风处表层具红褐色或烟灰色油膜，黏性	壳虫藻	5—11月	肥水、一般
油绿色	不大	无水华，无油膜	绿球藻目	5—11月	老水
铜绿色	不大	表层铜绿色絮纱状水华，颗粒小，无黏性	微囊藻、颤藻	夏、秋	"湖淀水"，差，鱼类不消化
豆绿色	不大	表层铜绿色絮纱状水华，颗粒大，无黏性	螺旋鱼腥藻	夏、秋	肥水，良好鱼类易消化
浅绿色	无	表层具铁锈色油膜，黏性	血红眼虫藻	夏、秋	"铁锈水"，瘦水
灰白色	无	无	轮虫类	春	"白沙水"，良好

（3）看下风处油膜。可根据下风处油膜数量、颜色和形状来判断水质优劣。一般肥水池下风处油膜多，黏性发泡，有日变化（上午少、下午多），呈烟灰色或淡褐色，午后往往带绿色，俗称"早红夜绿"。油膜中除包含大量有机碎屑外，主要的指标生物是壳虫藻（年幼藻体呈绿色，老化藻体呈褐色或黑色），铁锈色油膜（血红眼虫藻）、粉绿色油膜（扁裸藻）等均为瘦水型水质。

（4）看水色变化。优良的水质有月变化（十天、半月水质浓淡交替）和日变化（上午水色淡、下午水色浓，上风处水色淡、下风处水色浓）。根据养殖对象对水质的要求和水的理化、生物特点，生产上可将水质分为瘦水、肥水、老水和优质水华水，详见表2-3。

表 2-3　　　　　　　　　池塘常见水质类型

判断依据		水质类型			
		瘦水	肥水	老水	优质水华水
水色		浅绿色	黄褐色	灰蓝色	红褐色水中具蓝绿色或酱红色水华
透明度	日变化	无	大	小	最大
	深度	80 cm以上	25~40 cm	20~25 cm	20~40 cm
溶氧（mg/L）	正常天气	接近饱和	低峰值>2	低峰值1左右	低峰值1左右
	昼夜垂直变化	不明显	明显	明显	十分显著
有机耗氧（mg/L）		<10	15~30	25~40	25~55
浮游生物量（mg/L）		<8	32~130	80~240	130~400
优势种	浮游动物	种类多，数量少	臂尾轮虫、晶囊轮虫	种类、数量均少	种类、数量均少
	浮游植物	水绵、刚毛藻等丝状藻类	隐藻、小环藻、绿球藻等	微囊藻、颤藻、绿球襄、十字藻等	蓝绿裸甲藻、膝口藻、隐藻

2.1.4 水体运动

养殖水体的运动有波浪、混合、风成流、重力流、惯性流等。上下层水对流是重要的水体流动。

1. 池塘水体运动规律

池塘是静水环境,其水体运动除了注排水、运转增氧机外,主要原因是风力和上下层水因密度差而引起的对流。夜间气温下降,当气温低于表层水温时,表层水温随之下降,水的密度增大,即开始下沉,而温度相对较高、密度较小的水上浮,就开始了对流。因气温变化使上下层水产生密度差而引起的对流称为密度流。密度流的强弱与上下层水的水温差(密度差)、夜间气温下降速度和风力大小有关。

2. 池水对流对鱼类生长和生存的影响

通过水体对流,将溶氧较高的上层水输送至下层,使下层水的溶氧得到补充。但是由于白天水的热阻力大,池水不易对流,上层过饱和的高氧水无法及时输送到下层,到傍晚上层水中大量过饱和的溶氧逸出水面而白白浪费掉。至夜间发生对流时,上层水中溶氧本已大量减少,此时还要通过密度流将上层溶氧输送至下层,由于下层水的耗氧因子多,致使夜间实际耗氧量增加。

根据当天天气的变化情况可以判断密度流的强弱,预测鱼类是否会浮头和浮头强弱。

(1) 白天晴天,风力小,但上半夜风力增强,气温下降速度快,致使表层水温下降速度加快,密度流增强,上下层水对流加快,至半夜时,池塘上下层水水温已基本一致,上层溶氧向下层输送快,下层实际耗氧量增大,这就容易引起鱼类浮头。

(2) 白天晴天,风力小,夜间风力仍小,气温下降速度慢,其表层水温下降速度缓慢,密度流弱,上下层水对流慢,上层溶氧向下层输送少,下层实际耗氧量低,至第二天清晨上下层水的水温和溶氧基本趋于一致,这种天气不会引起鱼类浮头。

(3) 白天晴天,傍晚下雷阵雨,此时表层水温骤然下降,密度突然增大,致使池塘上下层水产生急剧对流,下层实际耗氧量大大增加,容易引起鱼类严重浮头。

(4) 白天晴天,风力小,到夜间天气闷热,无风,气温下降速度极为缓慢,至第二天清晨最低气温仍大于或等于上层水温,故不产生密度流。此时上层池水的溶氧未向下层输送,仍可保持较高水平。这种情况在沿海海洋性气候的地区才偶有发生,一般池塘每天夜间上下层水均会对流。

2.2 水域的化学特性

2.2.1 溶解氧

水中的溶解氧有三个来源：一是空气中的气体溶入，二是水生生物的生命活动或池底和水中的物质发生变化而产生，三是雨、雪水、地表水或地下水带入。

水中溶解氧的含量与水温、时间、气压、风力、流速等因素有关。水中气体的溶解数量主要取决于该气体在水中的溶解度、气体本身的溶解速度和扩散速度。气体的溶解速度与水温成正比，与该气体在水中的饱和度成反比，与气水界面的接触程度（大气和水之间的运动情况和接触面积）成正比。气体在水中的扩散速度依赖于水分子的扩散作用、密度流的强弱，主要与上下层水的水温差和降温速度有关；搅拌作用（涡流扩散），如使用增氧机，可大大加速气体在水中的扩散速度。

由于浮游植物光合作用受光线强弱的影响，池中的溶解氧也随光线的强弱而变化。一般晴天比阴天的溶解氧含量高。晴天下午的含氧量最高，上层池水的溶解氧呈饱和状态。黎明前含氧量最低，这时无增氧设备的中等产量池塘一般都会出现浮头现象。在低气压、无风浪、水不流动时，溶解氧含量较低；在气压高、有风浪、水流动时，溶解氧含量较高。当水中的溶氧量含量充足时，养殖对象摄食旺盛，消化率高，生长快，饲料系数（又称增肉系数，是指养殖对象增加一单位重量所消耗饲料的重量）低；当水中的溶氧量含量过少时，养殖对象的正常活动就会受到影响，严重缺氧时可引起养殖对象的死亡。

2.2.2 氮及氮化合物

1. 氮化合物的组成

水中氮化合物包括有机氮和无机氮两大类。无机氮主要有铵态氮（NH_4^+）、亚硝态氮（NO_2^-）和硝态氮（NO_3^-）。一般浮游植物最先利用的是铵态氮，其次是硝态氮，最后才是亚硝态氮。因此上述三种形式的氮通常称为有效氮，或称为三态氮。

2. 养殖水体中氮的循环

氨在水中部分离解为离子态氮，在溶氧丰富的水体中，亚硝化细菌和硝化细菌（均属好气性细菌）大量繁殖，铵态氮被亚硝化细菌氧化为亚硝态氮，亚硝态氮是很不稳定的中间产物，在硝化细菌的作用下很快氧化为硝态氮。

3. 亚硝态氮和硝态氮的毒性

亚硝态氮的毒性主要是影响氧的运输、重要化合物的氧化，以及损坏器官组织。

硝态氮对鱼类来说毒性最小，但高浓度的硝酸盐会影响渗透作用和氧的运输。

4. 三态氮的比例

在鱼类主要生长季节，通常精养鱼池的三态氮中，铵态氮占 60% 左右，亚硝态氮占 15% 左右，硝态氮占 25% 左右。当水体有效氮不变，如铵态氮比例下降，则硝态氮比例上升，说明水体溶氧条件好，硝化作用强，池塘物质循环快，水质良好。

5. 降低氮化合物毒性的措施

（1）排污换水。

（2）增氧。

（3）降低鱼类氮的排出量。

（4）可利用水生植物（在阳光的作用下）或采用生石灰水进行脱氮。

2.2.3 磷酸盐

1. 磷的形态

（1）无机磷。溶解的无机磷主要以 $H_2PO_4^-$ 和 HPO_4^{2-} 形式存在。

（2）有机磷。溶解的有机磷经水解后可转变为无机磷。

（3）颗粒磷。颗粒磷是以颗粒状悬浮于水中的各种磷酸酯。

以上三部分磷的总和称总磷。植物能利用的是溶解的无机磷酸盐（部分藻类能利用多聚磷酸盐），故这部分磷称为有效磷或活性磷。

2. 养殖水体中磷的补给与消耗

补给主要由投饲、施肥、水产动物排泄物、生物尸体、底泥释放和补水带入。其中水产动物排泄物对加速水体磷的循环起重要作用。

消耗主要是水生生物吸收利用，也受水中金属离子、胶体和水底淤泥的吸附和固定，因此水中溶解的有效磷只能保持在较低的水平。

3. 精养鱼池中有效磷的变化规律

水体中的有效磷质量浓度已成为衡量水体是否富营养化或富营养化程度的重要指标。

池水有效磷的质量浓度与养殖类型密切有关。当池塘有效磷处于低峰值时，藻类生长繁殖最快，养殖对象生长最迅速。因此，在养殖对象主要生长季节，有效磷往往成为水中藻类种群结构和数量密度的限制性营养元素，成为养殖水体初级生产力的主要限制因子。此时必须施用高效无机磷肥。

2.2.4 亚硝酸盐

亚硝酸盐是氨经细菌作用发生氧化反应生成的。亚硝酸盐的存在对鱼有直接的毒性，尤其冰下缺氧的越冬池易发生亚硝酸盐中毒症。一般养殖密度过大、池水经常缺氧、水体中有机物含量过高的池塘很容易引起亚硝酸盐含量的升高。

2.2.5 硫化氢

硫化氢是在缺氧条件下，含硫有机物经厌氧细菌分解而形成的，或是在富含硫酸盐的水中，在硫酸盐细菌的作用下，使硫酸盐变成硫化物，然后生成硫化氢。在杂草、残饵堆积过厚的老塘，常有硫化氢产生。它的积累会使养殖对象中毒，致使鱼类窒息死亡，并且能大量消耗水中的氧气。一般养鱼水体要求硫化氢质量浓度不得超过 1 mg/L。养鱼水体中有硫化氢产生也是水底缺氧的标志。氨态氮和硫化氢都具有强烈的刺激气味，凡有以上两种臭味的池塘，就要立即采取措施改良水质。

2.2.6 溶解有机物

水中有机物质多，池塘生产力高，但有机物质在分解过程中需消耗大量氧，如有机质多，则易使池水缺氧。水中有机物质的主要作用如下。

（1）直接作为鱼类和其他水生生物的饲料。

（2）通过降解矿化作用，不断向水体提供无机营养元素，供水生植物利用。

（3）促进鱼类容易消化的藻类大量繁殖。大多数容易消化的藻类（如隐藻、裸甲藻、膝口藻等）必须在溶解有机物的参与下才能生长繁殖。

（4）通过气提和絮凝作用，形成较大的食物团，被水生动物摄食，从而大大提高水中溶解有机物的利用率。

（5）为水体物质循环的基础——微生物提供了培养基，并通过微生物的再合成，向水体提供生长素和激素。

（6）通过络合（或螯合）作用，提高营养元素的利用率，并能降低重金属的毒性。

一般饲养鲢鱼、鳙鱼较多的池塘，有机物耗氧量以 20~35 mg/L（用碱性高锰酸钾法测定，如用酸性高锰酸钾法，则所得的值比前者低 1/3）为宜，这是肥水的重要指标，超过 40 mg/L 表示有机物含量过高，就应停止施肥，并添加新水，改善水质。饲养草食性鱼类为主的池塘氧质量浓度保持在 15~20 mg/L；饲养冷水性鲑鳟鱼类的池塘、工业化养鱼的水体，鱼类完全依靠人工饲料，对水质的要求主要是要有较高的溶解氧含量，因此池内有机物越少越好。

2.2.7 酸碱度

酸碱度不但可以表示氢离子的浓度，也可间接表示水中二氧化碳、溶解氧和溶解盐类的状态。水体呈酸性，鱼类血液的氢离子浓度上升造成缺氧，鱼生长受抑制。水碱性过强，会腐蚀鱼类鳃组织和表面组织。一般鱼类都喜欢生活在中性或微碱性的水中，酸性和碱性太强都不适合鱼类和其他生物的生存。

2.3 水域的生物特性

2.3.1 池塘生物的种类和特点

1. 池塘生物的种类

池塘生物包括微生物、浮游生物、高等水生植物、底栖动物和各种鱼类。

（1）微生物。水中的微生物包括细菌、酵母菌等。池塘中细菌的数量很大，每毫升水中含数万至数百万个。它们不仅在池塘物质循环中起重要作用，而且是水生动物和鱼类的重要天然饲料，能被鲢、鳙等滤食性鱼类直接摄食。

微生物对饲养鱼类也会产生一定程度的危害。例如，有些微生物在缺氧条件下对有机物进行厌氧分解，产生还原性的有害物质，使水质变坏；有些微生物会引起鱼病，造成鱼类死亡。因此，提高溶氧量、中和酸度、防止池水被有机物污染等，是促使有益细菌繁殖、抑制有害细菌发生的有效措施。

（2）浮游生物。浮游生物是养殖鱼类的幼鱼和鲢鱼、鳙鱼等成鱼的主要食物。浮游生物分为浮游植物和浮游动物。浮游植物不仅是鲢鱼、罗非鱼的直接饲料，是水体生产力的基础，同时还是水中溶氧主要的制造者。浮游动物不仅是鳙鱼的主要饲料，也是幼鱼的佳肴。浮游生物的多少代表着对鲢鱼、鳙鱼、罗非鱼等肥水性鱼的供饲能力，直接影响其产量。由于各类浮游植物细胞内含有不同的色素，当浮游植物繁殖的种类和数量不同时，使池水呈现不同的颜色。因此，有经验的人常根据池水的水色及其变化判断池水的肥瘦和好坏，从而采取相应的措施。

（3）高等水生植物。池塘中的高等水生植物有芦苇、浮萍、轮叶黑藻等。在鱼池特别是鱼苗池中，一般是不让高等水生植物繁殖的，因为它们能吸收水中大量的营养物质，遮蔽阳光或妨碍通风，影响浮游生物的繁殖，也影响池塘的温度和溶氧状况。因此对于池塘中繁殖的高等水生植物，一般要加以清除（在池塘中种植水草饲养草食鱼类的除外）。

（4）底栖动物。池塘中的底栖动物主要有昆虫及其幼虫、水蚯蚓、螺、蚌等。它们大都是青鱼、鲤鱼等的饲料，在池塘中具有一定的生物量，但与浮游生物比较，其对池塘生产力的影响较小。一些对鱼苗有害的昆虫（如龙虱幼虫、红娘华、蜻蜓幼虫等）必须清除。

（5）鱼类。多种鱼类共同栖息于同一水体，有的相互有利，有的存在生存竞争。草鱼、鲂鱼吃草，其粪便可培养浮游生物，浮游生物可作鲢鱼、鳙鱼的饲料。鲢鱼、鳙鱼摄食浮游生物和细菌使水质变清，又有利于草鱼、鲂鱼生活。鲤鱼、鲫鱼、罗非鱼等摄食有机碎屑，可改善水质。所以，把这些鱼混养在同一水体中，创造相互有利的环境条件，使鱼池成为合理、有效的生态系统。但有些鱼之间存在着摄食和被摄食的关系，如鳜鱼、鲶鱼、鳢鱼等肉食性鱼类，危及养殖鱼种的生命。麦穗鱼、鳘条等小杂鱼危害鱼苗、鱼种，并与养殖鱼争食，消耗饲料，因此必须清除，保障主养鱼类的正常生长。

2. 池塘生物的特点

（1）细菌数量多，以异养菌为主。

（2）水体中以浮游生物为主，池塘中高等水生植物和底栖生物很少。

（3）在浮游生物中，以浮游植物为主。

（4）浮游植物的优势种极为显著。

（5）生物的变动量大。

2.3.2 池塘生物的变化规律

1. 季节变化

（1）春季。早春硅藻、衣藻大量出现，轮虫及桡足类开始大量繁殖，到晚春逐渐减少，此时，枝角类达到最高数量。

（2）夏季。浮游生物量达到最高峰。浮游动物中以轮虫和原生动物为主，大型浮游动物（如枝角类、桡足类）很少；浮游植物优势种明显，绿藻、蓝藻等大量繁殖，形成"水华"。

（3）秋季。浮游动物数量逐渐增加，但仍大大少于春季。浮游植物中，蓝藻和绿藻数量下降，硅藻和甲藻类数量上升。

（4）冬季。浮游生物种类和数量均大大减少，在池塘冰封的情况下，繁殖着少量的硅藻和桡足类。

2. 昼夜垂直变化

不同的浮游生物具不同的趋光性（一般浮游动物趋弱光，浮游植物趋强光），造成浮游生物昼夜垂直移动。

3. 水平变化

池塘浮游生物由于受风力的影响，使其在水平分布上呈不均匀状态。一般浮游生物量均是下风处高于上风处。浮游生物的水平变化是造成池塘溶氧水平变化的重要原因之一。

 技能要求

pH 值测定

操作准备

操作台 1 张，桑普水博士测试盒 1 套，待测水样，测试杯，纸巾。

操作步骤

步骤 1 用待测水样冲洗测试杯两次。

步骤 2 取水样 5 mL，如图 2-2 所示。

步骤 3 加 3 滴 pH 试剂，如图 2-3 所示。

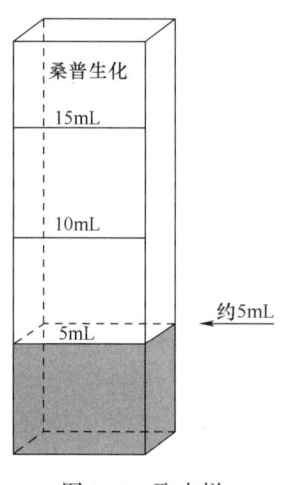

图 2-2 取水样

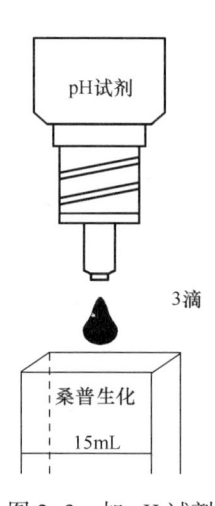

图 2-3 加 pH 试剂

步骤 4 盖好测试杯并轻轻摇匀，如图 2-4 所示。

步骤 5 将测试杯贴于色卡的空白处，与色卡颜色比较，即可得水样的 pH 值，如图 2-5 所示。

第2章 水产养殖水域环境

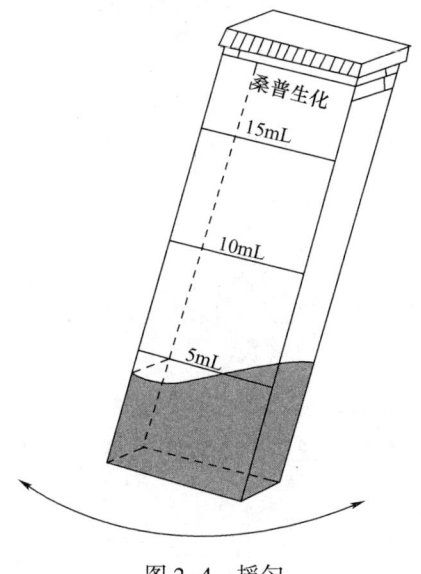

图2-4 摇匀

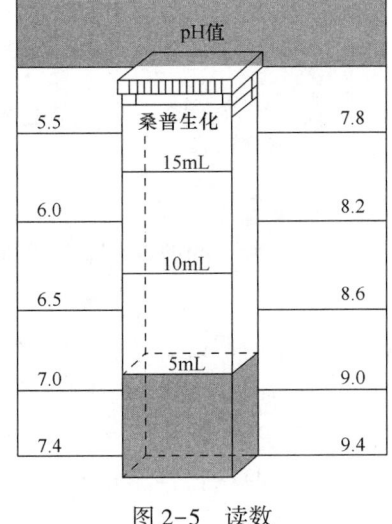

图2-5 读数

步骤6 若水样混浊,可过滤或放置澄清后再按上述方法测试。
步骤7 记录结果。
步骤8 将桌面收拾干净。

透明度测定

操作准备

池塘,黑白相间的塞氏盘(见图2-6),记录纸,笔。

操作步骤

步骤1 选择一自然水域作为测定对象(水体无直射光照射)。

步骤2 将塞氏盘缓缓放入水中,盘下沉到恰好看不见盘面白色。

步骤3 记录水面以下绳子的长度。

步骤4 反复测量几次,计算平均长度。

步骤5 记录测量结果。

步骤6 将工具清理干净并收拾整齐。

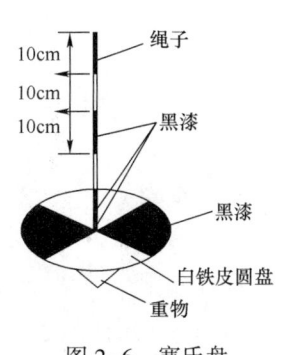

图2-6 塞氏盘

表层水温测定

操作准备

池塘,温度计(0~100℃),测试杯。

操作步骤

步骤1 取池塘水。

步骤2 将温度计的玻璃泡全部浸入被测液体中,不要碰到容器底或容器壁,如图2-7所示。

步骤3 测量时间为3~5分钟,待温度计的示数稳定后再读数。

步骤4 读数时温度计的玻璃泡要继续留在液体中,视线要与温度计液柱的上表面齐平,如图2-8所示。

步骤5 将工具清理干净并收拾整齐。

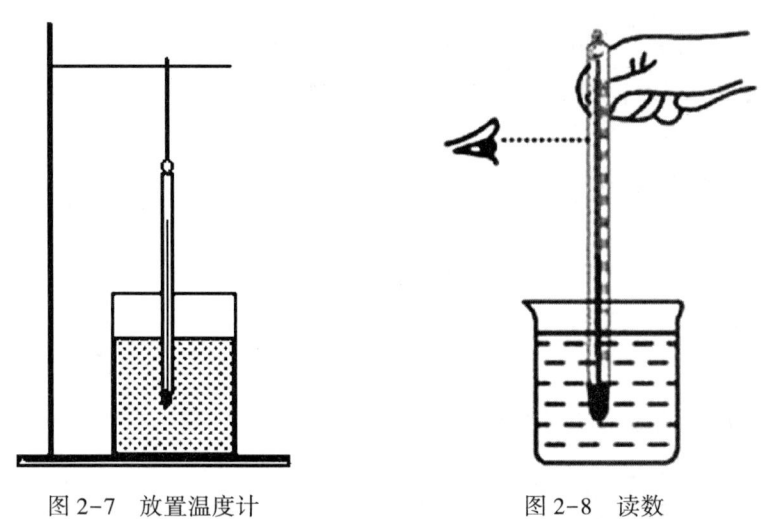

图2-7 放置温度计　　　　图2-8 读数

溶解氧测定

操作准备

操作台1张,桑普水博士测试盒1套,待测水样,测试杯(带盖),纸巾。

操作步骤

步骤1 用待测水样冲洗测试杯两次。

步骤2 取水样至杯口(距杯口上沿约5 mm)。

步骤 3　依次加溶解氧试剂Ⅰ和Ⅱ各 5 滴。
步骤 4　盖紧杯盖，上下颠倒数次，放置 3~5 分钟。
步骤 5　打开杯盖，再加 5 滴溶解氧试剂Ⅲ，盖紧测试杯颠倒摇动至沉淀完全溶解。
步骤 6　倒出多余反应液使测试杯中只保留 5 mL 反应液；将测试杯（具刻度面）贴于色卡的空白处，与色卡颜色比较，即可得所测水样的溶解氧浓度。
步骤 7　记录结果。
步骤 8　将桌面收拾干净。

注意事项

1. 若水样混浊，应先加试剂待反应完成后再过滤或放置澄清，然后取 5 mL 滤液比色。
2. 测试完毕后，尽快倒掉测试杯中的水样，并用清水清洗。

氨 氮 测 定

操作准备

操作台 1 张，桑普水博士测试盒 1 套，待测水样，测试杯（带盖），纸巾。

操作步骤

步骤 1　用待测水样冲洗测试杯两次。
步骤 2　取水样 5 mL。
步骤 3　加 5 滴氨氮试剂Ⅰ，摇匀；再加 5 滴氨氮试剂Ⅱ。
步骤 4　盖好测试杯并摇匀，放置 5 分钟。
步骤 5　将测试杯贴于色卡的空白处，与色卡颜色比较，即可得所测水样的氨氮质量浓度。

注意事项

1. 若水样混浊，可过滤或澄清后取上层清液测试。
2. 测海水中的氨氮时，"氨氮Ⅰ"试剂可比正常使用量（5 滴）多加 2~3 滴，以防止产生沉淀变混浊。
3. 本方法所测的是水样中的总氨氮质量浓度。

亚硝酸盐测定

操作准备

操作台 1 张，桑普水博士测试盒 1 套，待测水样，测试杯，纸巾。

操作步骤

1. "亚硝酸盐氮试剂Ⅱ"配制

"亚硝酸盐氮试剂Ⅱ"配制请按以下步骤操作。

步骤1　正向竖直放置"亚硝酸盐氮Ⅱ"试剂瓶,小心卸下其内盖,如图2-9所示,注意不要使瓶中的液体洒出。

步骤2　小心打开"子弹形"塑料管的连体盖,如图2-10所示。

图2-9　卸下试剂瓶内盖　　　　图2-10　打开连体盖

步骤3　将塑料管口对准试剂瓶口,扶好试剂瓶及小塑料管,轻弹塑料管底部,小心地将小塑料管中的粉末完全倒入"亚硝酸盐氮Ⅱ"试剂瓶中,如图2-11所示。

步骤4　盖好"亚硝酸盐氮Ⅱ"试剂瓶的内、外盖,轻轻颠倒15次,即可用于测试,如图2-12所示。

图2-11　将粉末完全倒入试剂瓶　　　　图2-12　轻晃试剂瓶

2. 水样的测定

步骤1 用待测水样冲洗测试杯两次。

步骤2 取水样5 mL。

步骤3 加5滴亚硝酸盐氮试剂Ⅰ，摇匀；再加5滴亚硝酸盐氮试剂Ⅱ。

步骤4 盖好测试杯并摇匀，放置5分钟。

步骤5 将测试杯贴于色卡的空白处，与色卡颜色比较，即可得所测水样的亚硝酸盐氮质量浓度（mg/L）。

注意事项

1. 若水样混浊，过滤后再取样。

2. 若亚硝酸盐含量过大，超过色卡的色标范围，可用不含亚硝酸盐水（如凉开水）稀释一定倍数，再按上述方法测试。

本章测试题

一、判断题（将判断结果填入括号中。正确的填"√"，错误的填"×"）

1. 透明度表示光透入水中的程度。（   ）

2. 空气直接影响鱼类的代谢强度，从而影响鱼类的摄食和生长。（   ）

3. 水中气体的溶解量一般与水体的温度成正比。（   ）

4. 水的透明度直接关系鱼类的生存。（   ）

5. 池塘生物包括微生物、浮游生物、高等水生植物、底栖动物和各种鱼类。（   ）

二、单项选择题（选择一个正确的答案，将相应的字母填入题内的括号中）

1. 影响鱼类性腺发育和决定产卵开始时间的是（   ）。

  A. 水的透明度　　　　　　　B. 阳光

  C. 空气　　　　　　　　　　D. 水温

2. 养殖水体（   ）的大小，主要随水体的混浊度而改变。

  A. 溶解度　　　　　　　　　B. 光照度

  C. 透明度　　　　　　　　　D. 盐度

3. 水中溶解的气体，对鱼类影响最大的为（   ），其次是二氧化碳、硫化氢等。

  A. 氧化氢　　　　　　　　　B. 二氧化硫

  C. 氮气　　　　　　　　　　D. 氧气

4. 水中溶解盐类的总量称为（　　）。

　　A. 温度　　　　　　　　　　B. 盐度

　　C. 溶解度　　　　　　　　　D. 透明度

 **本章测试题参考答案**

一、判断题

1. √　　2. ×　　3. ×　　4. ×　　5. √

二、单项选择题

1. D　　2. C　　3. D　　4. B

第 3 章

水产养殖实施

3.1 清塘与养殖器械 /46
3.2 鱼类养殖 /52
3.3 河蟹生态养殖 /58
3.4 南美白对虾养殖 /66

学习目标

- ◆ 掌握清塘药物的种类和清塘方法
- ◆ 掌握苗种质量的鉴别方法
- ◆ 熟悉苗种运输前的准备工作
- ◆ 掌握养殖机械的使用方法
- ◆ 掌握天平和显微镜的使用方法
- ◆ 掌握鱼类、河蟹及对虾养殖的方法

知识要求

3.1 清塘与养殖器械

3.1.1 清塘

清塘是在池塘内施用药物杀灭影响鱼苗生存、生长的各种生物，以保障鱼苗不受敌害、病害的侵袭。清塘必须先整塘，整塘是将池水排干，清除过多的淤泥；将塘底推平，并将塘泥敷贴在池壁上，使其平滑贴实；填好漏洞和裂缝，清除池底和池边杂草；将多余的塘泥清上池堤，为青饲料的种植提供肥料。整塘后暴晒数日，再用药物清塘。在生产上一定要克服"重清塘、轻整塘"的错误倾向。

1. 生石灰清塘

生石灰遇水就会生成强碱性的氢氧化钙，在短时间内使池水的 pH 值上升到 11 以上，可杀灭野杂鱼类、蛙卵、蝌蚪、水生昆虫、虾、蟹、蚂蟥、丝状藻类（水绵等）、寄生虫、致病菌及一些根浅茎软的水生植物。用生石灰清塘后，可以保持池水 pH 值的稳定，使池水呈微碱性，有利于鱼类的生活；钙本身是植物及动物不可缺少的营养元素，起施肥作用；释放被淤泥吸附的氮、磷、钾等离子使水质变肥。使用生石灰清塘有两种方法。

（1）干法清塘。将池水基本排干，池中积水 6~10 cm（这样池内泥鳅等不会钻入泥中）。在塘底挖若干个小坑，将生石灰分别放入小坑中加水溶化，不待冷却即向池中均匀泼洒。一般每亩池塘的生石灰用量为 60~75 kg，淤泥较少的每亩池塘的生石灰用量为 50~60 kg。清塘后第二天必须用铁耙耙动塘泥，使石灰浆与淤泥充分混合。

（2）带水清塘。不排出池水，将刚溶化的石灰浆全池泼洒。生石灰用量为每亩平均水深 1 m 用 125~150 kg。

生石灰清塘的技术关键是采用的石灰必须是块灰。只有块灰才是氧化钙（CaO），才称生石灰；而粉灰是生石灰潮解后与空气中的二氧化碳结合形成的碳酸钙（$CaCO_3$），称熟石灰，不能作为清塘药物。

2. 茶粕清塘

茶粕又称茶籽饼，是油茶的种子经过榨油后剩下的渣滓，含有皂角苷。茶粕清塘能杀灭野杂鱼、蛙卵、蝌蚪、螺蛳、蚂蟥和一部分水生昆虫，但对细菌没有杀灭作用，其施用后即为有机肥料，能促进池中浮游生物繁殖。

用茶粕清塘时，将茶粕敲成小块，放在容器中用水浸泡，水温25℃左右浸泡一昼夜即可使用。施用时再加水，均匀泼洒于全池，每亩池塘水深 20 cm 用量为 26 kg。上述用量可视塘内野杂鱼的种类进行增减，对不钻泥的鱼类用量可少些，反之则多些。

3. 漂白粉清塘

漂白粉杀灭敌害生物的效果同生石灰。对于盐碱地鱼池，用漂白粉清塘不会增加池塘的碱性，因此往往以漂白粉代替生石灰作为清塘药物。

先计算池水体积，漂白粉的质量浓度为 20 mg/L，即每立方米池水中约加入 20 g 漂白粉。将漂白粉加水溶解后，立即全池泼洒。漂白粉全池泼洒后，需用船晃或桨划动池水，使药物迅速在水中均匀分布，加强清塘效果。

漂白粉加水后放出初生态氧，挥发、腐蚀性强，并能与金属起作用。因此操作人员应戴口罩，用非金属容器盛放漂白粉溶液，在上风处泼洒药液，并防止衣服沾染而被腐蚀。

目前市场上用漂粉精、三氯异氰尿酸等药物来代替漂白粉。作为清塘药物时，漂粉精质量浓度为 10 mg/L，三氯异氰尿酸质量浓度为 7 mg/L。

4. 氨水清塘

氨水呈强碱性，高浓度的氨水能毒杀鱼类和水生昆虫等。清塘时，每亩池塘水深 10 cm 用氨水 50 kg，氨水质量浓度为 750 mg/L。用时需加几倍干塘泥搅拌均匀后全池泼洒，减少氨水挥发。

氨水清塘加水后，容易使池水中浮游植物大量繁殖，消耗水中游离二氧化碳，使池水 pH 值上升，从而增加水中分子氨的浓度，容易引起鱼苗中毒死亡。因此，用氨水清塘后，最好再施一些有机肥料，以培养浮游动物，借以抑制浮游植物的过度繁殖，避免发生死鱼事故。

用上述药物清塘，一般需经 7~10 天后药效消失，方可放养鱼苗。漂白粉类药物清塘后药效消失较快，约 5 天后可放养鱼苗。

3.1.2 常用养殖机械

1. 增氧设备

增氧设备是水产养殖的必备设备。其种类很多，主要有微孔曝气增氧机、叶轮式增氧机、水车式增氧机、喷水式增氧机、射流式增氧机等，如图3-1所示。增氧设备的主要用途是增加水中的溶氧量，通过搅拌水体、促进水体上下循环，达到增氧曝气和改善水质的作用。如果亩产500~800 kg的池塘，3~5亩水面配置一台3 kW的增氧机为宜。增氧机在使用时应注意以下事项。

微孔曝气增氧机

叶轮式增氧机

水车式增氧机

喷水式增氧机

射流式增氧机

图3-1 增氧机类型

（1）高温晴天中午开启。晴天的正午一般要开启增氧机，特别是针对水质肥厚、浮游植物繁殖旺盛的养殖池，因为晴天浮游植物需要进行大量的光合作用，排放大量的氧气，使养殖池水体表层氧气含量充足，甚至达到饱和状态，但是水体底层的氧气含量相对要低很多，而开启增氧机可以使水体上下对流，能够将上层的水运输到下层，使整个养殖池中的氧气含量均匀且充足，同时将下层的水运输到上层，经过阳光的照射，消灭水中细菌，使有害物质挥发到空气中，改善养殖池的生态环境，净化水体。晴天傍晚时分不应该开启增氧机，因为此时浮游植物的光合作用停止，不再向水中排放氧气，若是开机易引起上下层水体对流，反而加速氧气消耗，造成水体缺氧，影响养殖池中养殖对象的呼吸，从而抑制其生长。因此，务必要在合理的时间进行增氧机的使用，促进养殖对象产量提高，增经济效益。

（2）雷雨天气早上开启。雷雨天气，养殖池中水体上下急速流动，造成氧气含量迅速降低，此时要尽早开启增氧机。有时白天阳光强、温度较高，而傍晚会出现雷阵雨，大量雨水进入养殖池，由于雨水温度过低，会造成养殖池表面水体温度急速下降，比重增大产生下沉，而下层水温度高、比重轻则上浮，引起上下层水对流，暂时增加氧气含量，但很快被消耗，容易造成养殖对象浮头，因此要尽早且多开增氧机，保障水产养殖对象的生长环境。

（3）连绵阴雨天气多开启。长时间的降雨导致阳光较少，浮游植物缺少光合作用，水中溶氧含量不足，易使养殖池中养殖对象处于缺氧状态。连绵阴雨造成养殖池中水蚤很多，吃掉水中大部分的浮游植物，浮游植物光合作用产生的氧气减少，氧气来源供给不足。此时必须多开启增氧机，增加水体中的氧气含量，保障养殖对象的生长不受影响。

（4）缺氧严重时多开启。当夏季干旱时，长时间阳光照射使养殖池中水体温度升高，而大量的饲料喂养造成水质肥厚，透明度相对较低，水中有机物大量增加，上下层水体的氧气含量差距大，下层水体缺氧严重。因此，不仅要延长增氧机的使用频率和时间，还要向养殖池中注入新水，保障养殖对象生存的生态环境。

（5）投放饲料时不开机。投放饲料时开启增氧机，容易将饲料旋转至养殖池中央，造成饲料与排泄物混合堆积到一起，养殖对象不易摄食，造成饲料浪费。

2. 投饲设备

投饲机种类较多，以投料形式命名的有离心式投饲机、风送式投饲机和下落式投饲机；以供料方式命名的有振动式投饲机、翻板式投饲机、螺旋式投饲机等。投饲机可以定时、定次、定量、定点均匀自动投饲，具有省工省时、减少饲料浪费、保护水环境等特点。

在生产管理过程中，要注意观察天气、水温、水色和鱼类摄食情况变化，及时调整投饲机的投饲量、次数及持续时间，以保证鱼类得到较充足的饲料又不造成饲料浪费。

投饲机使用前需详读说明书。投饲机在使用时与水面较接近，因此一定要注意用电安全。如投饲机发生故障，应及时与厂家（或经销商）联系，切勿自行拆卸，以免发生危险和扩大故障。

3. 排灌设备

水产养殖中的排灌设备主要是水泵，有离心水泵、潜水泵、轴流泵、混流泵、深井泵等。水泵的用途是输送流体，在水产养殖中主要是向池塘注水和排水，以保证鱼类各生长阶段的不同水位要求。注入河水或深井水可调节水温；注入新水，可增加水中溶氧量，提高池水透明度，加强池水光合作用，提高池塘初级生产力；抽排池塘多余和老化水体，可调节水质、盐度和 pH 值,给养殖对象一个适宜的水体生存环境。

4. 清塘设备

在需要晒干的池塘,为了提高清塘的工作效率主要选用工程机械,如推土机、挖掘机等。在潮湿的带水池塘进行清淤主要使用清淤机械,常用的清淤机械有两栖式清淤机、牵引式清微机、水力高压清洗机、挖塘机组、水下清淤机等。它们的主要作用是将鱼塘的淤泥进行分切、收集、提取,并输送到特定的地方。

5. 水质净化设备

水产养殖中,水质净化主要采用生物滤池、活性滤池和水质净化机械,如生物转盘、活性炭水过滤装置、耕水机、臭氧消毒增氧机等。水质净化设备可净化和处理水中的有机物、氨、氮等。

6. 水温调控设备

水温调控设备包括锅炉系统、电加热器、太阳能加热器、热泵、热交换器、水温自控系统等,主要作用是调控池塘的水温,促进养殖对象在最佳水温中快速生长。

7. 水产育苗设备

水产育苗设备有产卵设备、孵化缸、鱼种网、鱼筛、网箱、鱼苗计数器、氧气瓶等,用于培育、采集养殖对象苗种。

8. 防疫消毒设备

防疫消毒设备主要有喷雾消毒机械。

3.1.3 常用仪器

1. 托盘天平

托盘天平的构造包括托盘、横梁、游码、标尺、底座等(见图 3-2)。

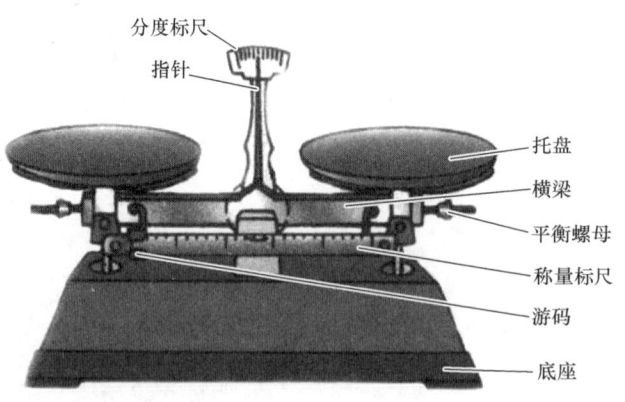

图 3-2 托盘天平构造

(1) 操作步骤

1) 调节天平平衡时,应将天平放在水平工作台上,将游码移至称量标尺左端的"0"刻度上;调节平衡螺母,使指针对准分度标尺中央的刻度线或天平指针分度标尺的中间位置等幅摆动。天平调节平衡后,测量过程中不能再移动天平,否则需要重新调节。

2) 称量时,把被测物体放在天平的左托盘,用镊子向右托盘放置砝码(左物右码);添加砝码和移动游码,使指针对准分度标尺的中央刻度线,此时砝码重量与称量标尺上的示数值之和,即为所称量物品的重量。在估测物体重量后,向天平托盘中加砝码时,应先取大的砝码放在天平右托盘。

3) 称量完毕整理天平,将砝码放回砝码盒指定位置。

(2) 注意事项。天平是比较精密的仪器,要学会正确使用天平。

使用前应注意天平的测量范围,估计被测物的重量,被测物的重量不能超过天平的测量范围。

使用时不能用手摸托盘,不能把潮湿的物品或化学药品直接放在托盘上;不能用手直接接触砝码,必须用镊子轻拿轻放。

使用后把砝码及时放回砝码盒内,天平和砝码要保持干燥、清洁,以免生锈影响精度。

2. 显微镜

显微镜如图 3-3 所示。

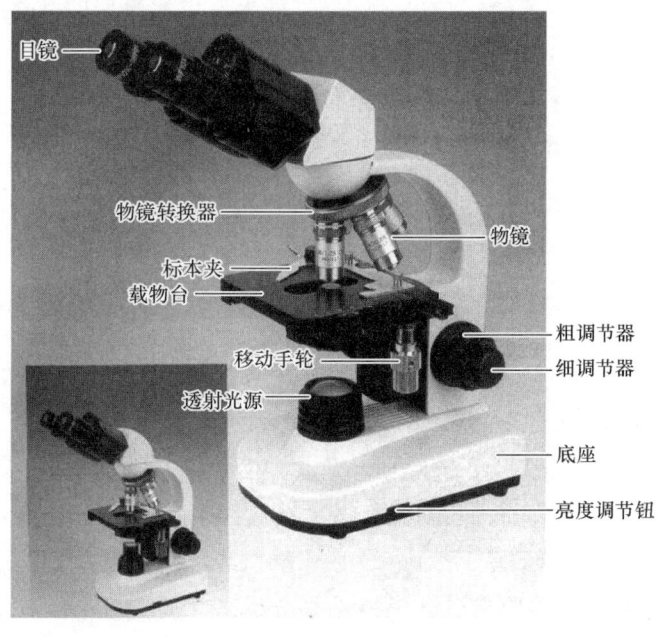

图 3-3　显微镜

（1）取镜和安放。取镜时右手握住镜臂，左手平托镜座，保持镜体直立，不可歪斜。安放时动作要轻，一般放在稳固、平稳的操作台左侧，距操作台边缘 7 cm 左右处。

将各种倍率的物镜依次装于物镜转换器上。将两只相同倍率的目镜分别插入左、右目镜筒中。打开透视光源开关，通过亮度调节钮将光源调整到合适亮度。将需要观测的玻片标本放在显微镜的载物台上，用压片夹压住载玻片的两端。操作时调整横向和纵向手轮，将需要观测的玻片标本移至载物台的中央。转动粗调节器，将载物台调到能见到需要观测的标本的像为止，此时用双眼从左右目镜中同时观测，再调整微调手轮便可见清晰的物像。左右目镜按需要推动两目镜筒向两旁分开或靠拢。

（2）低倍镜的使用。观察任何标本都必须先用低倍镜。转动粗调节器（顺时针）让镜筒缓缓下降至物镜距玻片 2~5 mm 处，同时用手反方向（逆时针）转动粗调节器，使镜筒缓缓上升，直到看清物像为止。如果物像不在视野中央，用移动手轮慢慢左右前后移动到视野中央，再适当进行调节。如果不够清楚，可用细调节器调节（微调，以免压碎玻片和镜头）。

（3）高倍镜的使用。先低倍物镜确定要观察的目标位置，将其移至视野中央后，转动物镜转换器，把低倍物镜轻轻移开，换上高倍物镜，操作时要十分仔细，以防镜头碰击玻片。当高倍物镜转正之后，在视野中央可看到模糊的物像，沿逆时针方向略微调整细调节器，即可获得清晰的物像。

（4）仪器归整。仪器用毕后，移走观测玻片标本，将显微镜的外表擦拭干净，把物镜偏向两旁，取下目镜放进镜头盒，把显微镜放回箱内。为保证灯泡使用寿命，将亮度调整平推钮移到最小亮度处，再关上电源开关。

3.2 鱼类养殖

目前我国鱼类养殖的类型包括池塘养鱼、稻田养鱼、网箱养鱼、水库养鱼、流水养鱼等，上海地区以池塘养鱼为主。

池塘养鱼"八字"精养法是我国池塘养鱼生产者经过长期的实践积累，总结出的科学经验，"八字"为"水、种、饲、混、密、轮、防、管"。"水"是指养鱼的池塘环境条件，包括水源、水质、池塘面积和水深、土质、周围环境等，必须适合鱼类正常生活和生长的要求。"种"要求鱼种数量充足、规格大小合适、体质健壮、无病无伤，符合养殖要求。"饲"是指供应饲养鱼类充足、营养成分完全的饲料，包括施肥培养池塘的天然饲料生物或人工配合饲料等。"混"是指实行不同种类、不同年龄与规格鱼类的混养，即充分利用鱼类的不同栖息空间、不同食性等。"密"是指合理密养，鱼种放养密度达到既高产又稳产的目的。"轮"是指轮捕轮放，在饲养过程中始终保持池塘鱼类较合理的密度，捕大补小、捕大留小。"防"是指做好鱼类病害的检疫、预防和治疗工作。"管"是指实行精细、科学的池塘管理工作。

3.2.1　苗种养殖前期准备

1. 苗种池的选择

选择在水源充足，水质良好，注排水方便，不含泥沙和有毒物质，交通、供电方便的地方建造苗种池。池形要求整齐，东南向，呈长方形，其长宽比约为5∶3，面积1～3亩，水深1～1.5 m，以便于控制水质和日常管理。池埂坚固不漏水，其高度应超过最高水位0.3～0.5 m。池底平坦，无丛生水草，便于拉网。

2. 池塘清整

鱼苗池用过1年之后，应予修整。清除过多淤泥，修补漏洞、护堤等。冬天应排干池水，让其日晒、冰冻，以减少病害。

3. 药物清塘

多种药物均可用于清塘，生石灰效果较好。生石灰清塘不仅可以杀灭病害，而且具有改良池塘底质、调节池水酸碱度、增加钙离子含量等功效。生石灰毒性消失时间为7～10天。

漂白粉清塘效果较好，清塘3～5天后检查，如药性完全消失，便可投放鱼苗。

3.2.2　苗种放养

1. 苗种选择

选择规格整齐、体表完整、无畸形、无病无伤、体质健壮、逆水性强的苗种放养。

2. 放养时间

苗种放养时，水温稳定在15℃以上即可。鱼苗下塘前要检查清塘药物的药效，一般清塘后7天左右药效基本消失，药效消失后方可放苗。将几十尾鱼苗放入池塘内的网箱中，24小时后观察鱼苗活动是否正常。

苗种下塘一般采用肥水下塘法。肥水下塘就是在鱼苗下塘前1周左右，施有机肥培育浮游生物，使鱼苗下塘时有充足的天然饲料。如果下塘前，大型浮游生物多，则每亩放300～400尾13 cm左右的鳙鱼，俗称"食水鱼"，以吃掉大型浮游动物，待鱼苗下塘前再捕起。鱼苗下塘时，轮虫是其适宜的开口饲料。

3. 注意事项

(1) 选放优良品质的苗种。

(2) 放养苗种要经过拉网锻炼。

(3) 鱼苗要选择晴天上午或傍晚下塘。

(4) 鱼种下塘前以5%食盐水浸泡3~5分钟,可以避免许多传染病的发生。

(5) 鱼种下塘时的水温差应小于2℃。

(6) 要选择同批同种鱼苗。有风天在上风处放苗,如在下风处放苗易被风吹到池边致死。

3.2.3 日常管理

对于鱼类养殖来说,能否使鱼长得好,获得稳产高产,在很大程度上取决于日常管理工作。"增产措施千条线,通过管理一根针"是十分形象的比喻。

1. 巡塘

巡塘即观察鱼类活动情况。每天坚持早、午、晚巡塘。清晨巡塘要注意观察鱼类的浮头和活动情况,如果黎明前有轻微的浮头属于正常现象,日出后由于浮游植物的光合作用产生氧气,浮头现象会很快消失。午后巡塘要注意观察鱼类的吃食和活动情况,决定当天下午的投饲量。黄昏前后巡塘着重观察鱼类的摄食情况,是否有残饲和浮头预兆等。在酷暑季节,要注意天气突变引起的水质变化和鱼类浮头,及时发现问题及早处理。

2. 投饲和施肥

在鱼类养殖期间,要给鱼类提供足量适口、营养的饲料,以满足鱼类生长过程中对各种营养物质的需求。应根据养殖品种和养殖水平,进行施肥、投喂简单饲料或高质量配合饲料等。鱼类投饲采取"四定""四看"原则。"四定"即定质、定量、定时、定位。"四看"即看水温、看水色、看天气、看鱼类吃食情况。

3. 清除残饲和杂物

在鱼类生长季节,由于施肥或投饲,池塘中积存一定的残饲和杂物,导致水质变坏,影响鱼类生长,应经常清除池塘中的残饲和杂物,以免水质变坏。

4. 加强水质管理

高产池塘由于鱼类养殖密度高,需要投喂大量的饲料,所产生的残饲和粪便在分解过程中需要消耗大量氧气,容易造成鱼类缺氧死亡。要通过加注新水或使用增氧机的方式提高水中的溶氧量,保持水质清新。酸雨也是影响水质的一个不可忽视的问题,近年来因酸雨导致的问题越来越多,已影响池塘水的pH值和鱼类的健康。生石灰可提高池塘水的总碱度和总硬度,提高池水对pH值的缓冲能力,并具有澄清水质的作用。

5. 防止"泛池"

"泛池"是指由于天气等原因引起上下层水急速对流,使水中溶氧量迅速降低,导致鱼类缺氧浮头并大量死亡的现象。"泛池"多发生在夏秋间碰到"南撞北"(即白天吹南风,气温很高;晚间突然转北风,气温骤降)或"白撞雨"(即白天太阳光很强,温度高;傍晚突然下雷阵雨)的时候,由于气温骤降或温度较低的雨水进入,使池塘表层水温度急剧下降、比重增大而下沉,而下层水则因温度高、比重小而上升,引起上下层水急速对流,上层溶氧量高的水转到下层,使下层水溶氧量暂时升高,但很快被还原性物质消耗,下层缺氧的水转到上层后溶氧得不到及时补充,导致整个池塘的溶氧量迅速降低,引起鱼类缺氧浮头。预防"泛池"的发生,应清除池底过多的腐殖质,发生鱼类严重浮头时应立即采取增氧措施,包括加注新水、开增氧机、使用化学增氧剂等,还可用黄泥、明矾、石膏粉等加水全池泼洒,以沉淀水中悬浮的有机物,减少溶氧消耗。

6. 防止"水反"

"水反"主要发生在春夏之间。浮游动物由于水温适合而大量繁殖,并消耗大量浮游植物,使池塘中浮游动物和浮游植物的比例严重失衡,破坏了池塘中溶氧的供需平衡,导致池水严重缺氧。防止"水反"的措施包括及时加注新水或开动增氧机,用药物杀死过多的浮游动物,多放鳙鱼摄食浮游动物,以及施肥繁殖浮游植物等。

7. 建立"塘头档案"

"塘头档案"记录各种鱼类放养和收获的时间、规格、尾数和重量,投饲、施肥的种类、时间和重量,注换水、开增氧机及水质变化情况,鱼类浮头、发病、用药情况等,可用于分析养殖效果,总结养殖经验,提高养鱼技术水平。

3.2.4 鱼病预防

鱼病预防工作是保障鱼类健康养殖生产、提高鱼产量的重要措施之一。因为鱼类生活在水中,人们不易觉察其摄食、活动。一旦发病也难及时发现,且诊断和治疗十分困难。内服药一般由鱼主动摄入,但当病情严重时,鱼已失去食欲,即使使用特效药也难以达到治疗效果。体外用药只适用于小水体,对于大面积的湖泊、水库等难以施用,常常造成巨大的经济损失。因此,鱼病预防显得尤为重要。

鱼病发生的原因很多,不仅与病原体有关,而且与鱼类的生存和生活环境有关。因此,应加强监测、检疫,切断传播途径,消灭病原体,改善优化养殖环境,实现鱼类无公害健康养殖,提高鱼体抵抗力,减少或杜绝重大疾病的发生。

3.2.5　越冬管理

1. 越冬前的准备

（1）应选择北风向阳、面积2～3亩、水深2 m以上的鱼池作为越冬池。通常规格为10～13 cm的鱼种，每亩可囤养5万～6万尾。

（2）对越冬池进行清整消毒。

（3）并塘时应在水温5～10℃的晴天拉网捕鱼、分类归并。

（4）并塘前要强化培育，操作要轻快，严防损伤越冬个体。

2. 越冬期间的管理

（1）专人负责、及时检查越冬情况。越冬池必须由专人负责管理，经常检查越冬池有没有漏水现象，水流是否通畅，有无鱼类逃离。定期检查水质、水色和池鱼活动情况。定期测定分析水中溶氧量，一般3～5天测一次。冬至至元旦、春节前后要求每1～3天测氧一次。找出越冬水体溶解氧降低的主要原因并及时采取增氧措施。

（2）定期注新水。注水间隔与注水量要依据越冬池水位下降和溶氧等具体情况而定，一般20～30天注一次新水。

（3）增氧

1）注水增氧法。这是针对小型靠近水源的越冬池和渗漏较大的静水越冬池较好的补氧方法，但采用地下水进行补氧时要特别注意水质必须经过曝气、氧化和沉淀。

2）循环水增氧法。在越冬池水量充足或缺少越冬水源的静水越冬池发现池水缺氧后可采用原池水循环的方法补氧，如用水泵抽水循环补氧或利用桨叶轮补氧。补氧应按照"早补、勤补、少补"原则进行，使水温稳定在1℃以上。

3）生物增氧法。为冰下适宜低温、低光照的浮游植物创造条件，促使其大量繁殖，从而进行光合作用产生氧气，补充越冬水体溶解氧含量，达到让鱼类安全越冬的目的。

4）化学药物增氧法。当静水小越冬池、温室越冬池发生缺氧时，可采用化学药物增氧法。常用的增氧药物有过氧化钙、双氧水，如向越冬水体施入1 kg的过氧化钙，产氧量可达77 800 mL，并在1～2个月内不断放氧。过氧化钙的施用量为每亩平均水深1.5 m的越冬池7～8.5 kg。

5）充气增氧法。利用风车或其他动力装置带动气泵将空气压入设置在冰下水的胶管中，通过砂滤使空气变成小气泡扩散到越冬池水中，以增加水体中的溶解氧含量。

6）强化增氧法。强制性地使空气中的氧和水搅拌，向越冬池输送高氧水。如用射流增氧机、饱和式增氧器等在水泵的水管上接入一个进气管也有增氧的效果。

7）生化增氧法。使用各种光源如碘钨灯、大功率电灯泡等促使越冬池水中的浮游植物进行光合作用，增加池水溶氧量。

（4）越冬池水质应保持一定的肥度，及时做好投饲和施肥工作。

3.2.6　鱼类运输

1. 运输前的准备

（1）交通运输工具的选择。根据运输计划，挑选适宜的运输方式（水运、陆运、空运），并与交通部门洽谈有关运输事宜。

（2）准备运输中所需要的工具设备。

（3）沿线路况的调查。预先了解沿途水源、水质的情况，联系并确定好换水地点。

（4）人员的配备工作。预先做好人力组织安排，工作人员必须分工负责，互相配合。

（5）鱼种的锻炼。鱼种起运前要拉网锻炼2~3次；起运前1天停止投饲，使其将排泄物排空。

（6）做好装卸、起运、衔接等工作。做到"人等鱼到，塘等鱼到"，使运输顺利进行。

（7）确定装运密度。

2. 运输方法

（1）封闭式运输。将鱼和水置于密封充氧的容器中运输，运输工具主要有塑料袋、橡胶袋等。

（2）开放式运输。将鱼和水置于非密封的容器（鱼篓、帆布桶等）中进行运输。

（3）湿法运输。即鱼不需盛放于水中，只要维持潮湿的环境，使鱼的皮肤和鳃部保持湿润便可运输。大多数鱼类的皮肤呼吸量很小，不宜采用湿法运输。

（4）低温无水运输

1）暂养。鱼类消化道内食物基本排空，降低运输中耗氧量，减少应激反应，延长其保活时间，如牙鲆在低温无水运输前应先停食暂养48小时以上。

2）降温。在低温无水运输前，牙鲆的降温速率为：10℃以上时，降温幅度在每小时4℃以内；1~10℃，在每小时1℃以内；1℃以下，应在每小时0.5℃以内。

3）装运。将鱼类移入双层塑料袋中，加入少量冰水，充纯氧扎口后，再移至保温箱中。控制箱内的温度是运输的关键，保证运输过程中温度保持在-0.5~1.5℃。

4）放鱼。运输到达目的地后，将鱼放到5℃左右的清水中，加水慢慢升温至10~14℃，大约20分钟后鱼类就会恢复正常活动。

> **特别提示**
>
> **化学试剂在鱼类运输中的应用**
>
> 利用对鱼类无毒副作用的化学试剂是提高鱼类运输成活率的重要措施之一。可以用于鱼类运输处理的化学试剂有麻醉剂、化学增氧剂、抗菌素、缓冲剂、除沫剂等。

3. 注意事项

（1）运输途中适时换水。一般装上车后2~3小时换水一次，以后可间隔5~8小时换水一次。换水间隔时间应根据水质变化情况及沿途水源条件灵活掌握。换水宜采用上进下排同时进行法，应及时清除死鱼和其他杂物。

（2）保证充足供氧。氧气供应量以每瓶氧气在3.5~4.5小时内排完为宜，供气量也要以装运密度和运输距离作为参考。氧气快要用尽时，应及时快速换用另一瓶。

（3）定时检查。运输途中每间隔1~2小时应检查车况、氧气供应系统、水质及鱼的变化情况等，并及时采取相应的措施。

3.3 河蟹生态养殖

河蟹生态养殖技术就是在淡水生态系统内，遵循淡水生态学原理进行河蟹养殖的技术。通过人工营造并维护好养殖水体生态系统，使该生态系统的能量转化和物质循环尽量趋于平衡。该技术充分考虑各种水体对养殖品种、投放比例的承载能力，能够对因过度开发养殖水体资源而被破坏的水域环境进行有效修复，所产河蟹产量高、规格大、品质好，经济效益和生态效益显著，具有极高的应用推广价值。

河蟹生态养殖技术模式可概括为"种草、投螺、稀放、配养"。其中"种草""投螺"是基础，"稀放"是前提，"配养"是手段。在长期的生产实践中，结合养殖品种生物特性和水体类型特点，完善蟹鳜、蟹鳜虾混养，创造蟹鳜鲷混养等养殖模式。

以水体养殖类型分类，成蟹养殖主要有池塘生态养蟹——高淳模式、河沟生态养蟹——当涂模式、湖泊生态养蟹——宿松模式、湖泊围栏生态养殖——宝应模式、稻田生态养蟹——盘山模式等。

3.3.1 蟹苗特点和质量鉴别

1. 蟹苗特点

河蟹蟹苗离开亲蟹母体后，不能立即投入养殖环境中，因为蟹苗个体弱小，逃避敌害的能力差；取食能力低，食谱范围窄；对外界不良环境的适应能力弱。因此，必须要将蟹苗进行适当的中间培育后，才能进行成蟹的养殖。蟹苗中间培育的过程称为仔幼蟹的培育。

2. 蟹苗质量鉴别

生产上常采用"三看一抽样"的方法鉴别蟹苗质量。

（1）"三看"

1）看体色是否一致。优质蟹苗体色深浅一致，呈姜黄色，有光泽和透明感，镜检体表无聚缩虫、丝状细菌等异物。劣质蟹苗体色深浅不一，光泽暗淡，呈乳白色、橘红色，镜检蟹苗带菌、带虫。

2）看群体规格是否均匀。同一批蟹苗大小规格必须整齐（一般要求80%～90%相似）。否则高日龄的大眼幼体可蚕食低日龄的大眼幼体，尤其在饲料不足时，这种现象更为严重。

3）看活动能力强弱。蟹苗沥干水后，用手抓起少量蟹苗，手心有粗糙感，松手后会立即散开，则是优质蟹苗。手心无粗糙感，松手后蟹苗仍成团或很少散开的为劣质蟹苗。

（2）"一抽样"。正常蟹苗出池规格以每千克12万～14万只为宜，最多每千克不超过16万只。达到此规格的蟹苗，假苗较少，长成幼蟹较为顺利。如每千克蟹苗数量过多，说明蟹苗日龄短，甲壳软，经不起操作和运输。如每千克蟹苗数量过少，说明该蟹苗规格大，临近脱壳期，运输途中易脱壳死亡。

3.3.2 蟹苗运输

主要采用蟹苗箱"干法"运输蟹苗。其方法简便，成本低，运输量大，运输24小时内成活率可达90%以上。"干法"运输蟹苗应注意以下几点。

1. 蟹苗箱必须在水中浸泡12小时，以保持运输途中潮湿的环境。

2. 蟹苗箱内应放入满江红（绿萍），或仅留少量嫩叶的水葫芦，或带须根的水花生，或水草（叶呈丝状）。蟹苗在此环境中，既保持了一定的湿度，也保证了苗层的通气，又防止苗层在一侧堆积。

3. 装苗时，应防止蟹苗四肢黏附过多水分。蟹苗装运时，如水分过多，易造成苗层通透性不良，使蟹苗支撑力减弱而导致底层蟹苗缺氧死亡。因此，装苗时必须坚持宜干不宜湿。

4. 一般每箱装运的密度控制在1 kg，运输时间为24小时以内。

5. 运输时，应避免阳光直晒和凉风直吹，以防止蟹苗鳃部水分蒸发而死亡。

6. 如气温过低，应在白天运输；如气温过高，最好在夜间运输。

7. 运输途中，如蟹苗箱过分干燥，可用喷雾器将苗箱喷湿，以保持箱内环境湿润。但一般蟹体不必喷湿（除非天气干燥、运输时间长），否则反而易造成蟹苗四肢黏附过多水滴，增加支撑力而死亡。

8. 如用卡车运输，应上有篷，后有盖，以防日晒和风吹。有条件的可用空调客车或冷藏车运输，并给予适当的通风，气温控制在20℃左右，最低气温不能低于15℃，其气温骤变的安全范围不超过5℃。

3.3.3 蟹种鉴别

河蟹苗种是养殖河蟹的重要基础，高质量的苗种是河蟹养殖成功的关键因素之一。为培育优质蟹种，要掌握蟹苗的放养时间、放养密度、投饲数量与质量等相关技术。蟹苗放养的最佳时间在5月中下旬至6月上旬，仔蟹下塘时水温差应控制在5℃以内，放养时要先将仔蟹网袋在池水中浸2~3次，经过10~15分钟，使仔蟹适应池内水温后，再把仔蟹网袋打开，放在池中水草边让仔蟹自由爬出。一般Ⅲ期仔蟹每亩的放养量为6万~12万只，具体可视池塘情况、规格大小和养殖水平而定。控制投饲量，避免造成营养过剩。

1. 蟹种成熟程度的鉴别

选购蟹种时，应选择未达性成熟的幼蟹，如果选择已达性成熟的早熟蟹作为蟹种来养殖，成活率极低，易死亡。

（1）雄性成熟个体外部形态特征。螯足绒毛的密度和颜色是区分蟹种成熟与否的主要依据。正常蟹种螯足掌节部没有绒毛或有疏而短的绒毛，绒毛的颜色多为浅黄色。性成熟蟹种螯足的绒毛密而长，绒毛在靠近不动指基节部、可动指基部及掌节内外侧面分布为连续性。步足的刚毛在正常蟹种上的表现为短而细，而性早熟蟹种步足的刚毛粗而长。正常蟹种的体表颜色为浅黄色或黄色，而性成熟蟹种多为墨绿色。正常蟹种的步足上可看到一些明显的斑点，而性早熟蟹种无此特征。

河蟹雄性个体有两对交接器，着生于第1~2腹节上。正常蟹种交接器的颜色为暗白色，而性早熟蟹种的则为瓷白色。交接器的硬度也是区别成熟阶段的主要依据。正常蟹种交接器硬度较小，均未骨质化，用手捏时犹如塑料管，弯折时易弯不易断；而性早熟蟹种交接器硬度较大，已经骨质化，用力弯折时易断不易弯。

（2）雌性成熟个体的形态特征。雌蟹的成熟个体和未成熟个体的颜色与雄蟹相同，即成熟个体为墨绿色，未成熟个体为浅黄色。腹脐的形状及腹缘绒毛是区别雌蟹成熟与否的主要依据，河蟹的腹脐（腹部）扁平呈片状，紧贴胸部的腹面。个体较小的蟹种，不论雌雄，腹脐都狭长略呈三角形，随着生长，雄蟹的腹脐仍保持三角形，也称尖脐。但雌性个体随着生长发育，腹部逐渐变大变圆，也称团脐。团脐可将胸甲完全覆盖，腹脐边缘在个体成熟时着生浓密而黑的绒毛，同时腹的第 1~4 节也着生浓密绒毛；而未成熟个体的腹部近似三角形，其胸部腹甲没有腹脐完全覆盖，腹甲的边缘露出一部分，胸部腹甲的边缘及腹肢只有稀少的软毛分布。

解剖结果也可以看出正常蟹种和早熟蟹种的明显区别。掀开背甲，成熟蟹种在胃的两边及下方明显可见紫褐色或豆沙色卵巢，整个卵巢在蟹体内几乎呈"H"型分布。而正常蟹种则没有明显的肉眼易见的紫褐色卵巢，较大个体的正常蟹种卵巢透明，乳白色，体积较小。

2. 性早熟的原因

(1) 营养过剩。河蟹的性腺重量与肝脏重量成反比。在黄蟹阶段性腺小，肝脏重，肝脏重量为卵巢重量的 20~30 倍。当绿蟹阶段进入生殖洄游时，性腺发育迅速，卵巢逐渐接近肝脏重量。当进入交配产卵阶段，卵巢重量已明显超过肝脏。人工培育的池塘蟹种，由于投饲数量多、饲料质量好，胃内的食物组成以动物性饲料、精饲料为主。大量的营养物质由肝脏转移到性腺，刺激性腺发育，是造成河蟹性早熟的重要原因。

(2) 有效积温增加。大部分生物性腺发育过程中，温度是一个很重要的因子，有效积温过高，其性腺发育快。河蟹在人工控温条件下，其性腺发育也是随着有效积温的升高而加快。

(3) 养殖水体盐度过高。盐度对河蟹的性早熟影响较大，因此选择幼蟹池的培育场地一定要避开盐分较高的地区，对已建成的池，在放苗前可用淡水浸泡一段时间，经冲洗后投入使用。

(4) 种质资源退化。随着养蟹规模的扩大，地区间引种的增多，南蟹北调、北蟹南移，导致河蟹品种混杂、退化，性成熟提前。

3.3.4 蟹种放养

1. 池塘（包括稻田）蟹种放养

蟹种多为长江水系的中华绒螯蟹，主要来源于当涂县乌溪蟹种培育基地。其所表现出的外部性状较为显著，背部疣状突起明显，最后一对清晰，额齿和缺刻深，第四步足前节长宽比约为 2∶1。体色黄绿或青灰、有光泽、活力强、规格齐、体健壮、无缺损。亩放规格 160~300 只/kg，亩放 350 只，放养时间为 3 月。

配套品种放养方案如下：3 月亩放鲢鱼、鳙鱼（2∶1）20 尾，每尾规格 0.25~0.35 kg；5 月亩放 0.5 kg 抱仔青虾，利用其繁殖的小虾作为蟹的优质活饵，同时青虾可有效处理部分残饵，保持水质。6 月亩放 4~5 cm 鳜苗种 10~20 尾，以有效清除养殖过程中的野杂小鱼，保证河蟹饲料不被争夺。

2. 湖泊蟹种放养

选用长江水系优质河蟹苗种，并采购土池培育的河蟹苗种，土池培育的河蟹苗种比工厂化培育的河蟹苗种体质健康，且无药害。放养规格为 0.16~0.2 kg 的大规格河蟹苗种，处于生物修复中的湖泊，应适度降低放养密度，待生物修复后，再以标准密度进行放养。

3.3.5 日常管理

每天早、中、晚巡塘，并做塘口记录。早晨巡塘时观察池坡上的残饵，同时检查防逃设施；中午巡塘主要观察池坡河蟹的多少；傍晚或夜间着重观察全池河蟹的活动，包括摄食与上岸情况，有无敌害和病害，是否有河蟹逃逸的迹象，池塘水质的肥瘦及混浊度，以及每天晚上河蟹活动状况和蜕壳生长情况等，其中防逃是关键。发现问题应及时采取措施，蜕壳是生长的关键，养殖时一定要注意河蟹是否完全蜕壳。

1. 池塘（包括稻田）养殖日常管理

（1）水质调节。3月放种时水深 0.5~0.6 m；4月后，随着气温上升，视水草长势每 10~15 天注水一次，使水位上升 10~15 cm；7—8月保持水深 1.5 m，9—10月保持水深 1.2 m。养殖过程中只通过水泵加注新水，弥补水分蒸发和渗漏，不做水的交换。

（2）投饵管理。投喂饲料应遵循"四定"原则，即定时、定量、定质、定位。投喂的饲料以在 2 小时以内吃完为宜。3—4月投喂配合饲料，再搭配少量野杂小鱼，蛋白质含量 30%~35%，投饵量占蟹重 20%~25%；5—6月以动物性饲料投入为主，投饵量占蟹重 8%~10%；7月以植物性饲料（南瓜、小麦、玉米）为主，小鱼为辅，投饵量（动物性饲料占其中 10%~15%）占蟹重 5%~10%；8—9月以野杂小鱼为主，辅以南瓜、小麦、玉米等，投饵量占蟹重 5%~8%。6—9月投饵量根据天然饵料和天气情况进行适当调整，确保吃饱吃好。

2. 湖泊养殖日常管理

湖泊围网养殖投喂饲料以动物性饲料（野杂小鱼）为主，植物性饲料（南瓜、黄豆）为辅。4月投喂小野杂鱼，投饵量占蟹重 25%~30%；5—9月投喂同池塘养殖。湖泊增殖放养是指为了恢复、维持和增加渔业资源促进渔业可持续发展采取的措施，主要利用水体内的天然饵料，一般不进行人工投喂。

3.3.6 蟹池水草栽培

1. 池塘（包括稻田）**水草栽培**

(1) 围蟹种草

1) 成蟹池整塘、清塘、放水后，就在小网围内种植伊乐藻，面积占 20%~30%（本书面积百分比是指种植水草面积占整个池塘面积的比例）。

2) 蟹种放养时，改冬放为春放（3 月上旬前放）。

3) 3 月在小网围外种植轮叶黑藻，面积占 40%~50%。

4) 5 月底待轮叶黑藻长至 30~40 cm 高后，拆除小网围，将蟹种放出。

河蟹养殖池塘常见种植水草有伊乐藻、金鱼藻、狐尾藻、轮叶黑藻、苦草、水花生等（见彩图 14）。

(2) 移栽水草

1) 移栽伊乐藻。清塘 10~15 天后，将草切成长 15 cm 的茎节，10 株左右为一束，插入泥中，每亩种草 20~25 kg。待草成活后，逐渐加水，以浸没水草末端 10 cm 为宜。伊乐藻是河蟹早期生长、栖息、蜕壳避敌的理想环境，但过多易疯长，水温 30℃ 以上易烂草。

注意：栽种时行距为 5~8 m，中间夹种其他水草，总面积占 30% 左右；6 月初对伊乐藻进行割茬。

2) 移栽轮叶黑藻

①芽苞种植。冬季与伊乐藻同时进行栽种，按行株距 0.5 m×0.5 m，每穴 3~5 粒芽苞插入泥中，每亩栽种芽苞 1 kg。4 月长到 15 cm，5 月长到 50 cm 以上。

②营养体繁殖。4 月将轮叶黑藻切成长 10 cm 的茎节，每 10 株左右为一束，用塘泥裹其一端，行株距为 1 m×0.5 m，亩用量 30~50 kg。

注意：河蟹十分喜食轮叶黑藻，因此在苗种培育阶段必须采用围蟹种草的方法，防止水草消灭在萌芽状态，6 月初拆除围网。

3) 移栽金鱼藻

①种苗培育。每年 11 月河蟹捕出后，从湖泊、池塘捞出天然金鱼藻进行全草移栽，每亩用量 75~100 kg，4—5 月可获得大量金鱼藻。

②全草移栽。每年 5 月捞取新长出的金鱼藻，每亩用量 150~200 kg。移栽时需用网围（每亩 4 个，每个 20 m²）固定，防止水草随风飘走或被河蟹破坏。待水草落泥成活后，可拆除网围。

注意：金鱼藻再生能力强，旺发易恶化水质，适宜栽种在湖泊和面积 30 亩以上的池塘。

4）种植苦草。苦草的种子似长豆荚。水温回升到 15℃ 以上，开始晒种 1~2 天，然后浸种 12 小时，捞出后搓出果荚内种子，再用细土或细沙拌种后，播种在池塘中。池塘水位最好保持在 40 cm；大水面水深不超过 1 m，以确保苦草苗体能进行光合作用。一般每亩（以实际种植面积计算）用种 150 g。

注意：在苗种培育阶段同轮叶黑藻栽种方法，即采用围蟹种草。

5）移栽水花生。离池埂 3 m 左右，用塑料绳夹一丛水花生，使池周围形成一圈水花生，既改善水质，又作为隐蔽物和天然饲料，而且可护提，为池塘、河沟防风浪。

（3）水草搭配原则

1）养蟹水体水草的覆盖率保持在 40%~60%。

2）各类水草均有优缺点，为充分发挥各种水草的自然优势，必须套种。

3）早春栽种伊乐藻，早期覆盖率在 20% 左右，夏天需要割茬。池塘小水体主体水草为轮叶黑藻，占 40%~50%；大水体主体水草为金鱼藻，占 40%~50%。中后期栽种苦草，占 10%。

（4）水草割茬。伊乐藻不耐高温，长期在水温 30℃ 以上就会因高温灼伤而烂草，造成水质腐败，引起蟹病。因此每年 6 月要将上层的伊乐藻割去，留下一部分短茬到秋天生长。割去伊乐藻后，可腾出水面空间，促进金鱼藻、苦草生长。蟹池水草不是越多越好，水草过多、过密，一是影响河蟹活动空间，二是容易造成下层水缺氧，三是下层水草易腐烂变质。因此，水草的覆盖率保持在 50% 左右为佳。

2. 湖泊水草栽培

2—3 月栽种伊乐藻，亩栽种 50 kg；3—5 月分期播种苦草，亩种苦草籽 100 g；在河蟹生长的夏季阶段，移栽金鱼藻和轮叶黑藻，亩栽种 300 kg（其中金鱼藻占 90%），在水体中形成至少 3 种以上水草种群，确保水草覆盖率在中后期达到 60% 以上。水草种植主要选择在不超过 1 m 的浅水区。水草品种以金鱼藻为主，采用"围栏养草"的方法，同一个网围内养殖区与恢复区配套，根据水草生长情况逐步扩大网围养蟹面积。通过打"时间差"，既防止河蟹将刚生长出来的水草消灭在萌芽状态，又不影响河蟹的正常生长。通过对湖泊进行生物修复，使养蟹水域的生态保持平衡。

3.3.7 病害防治

病害防治坚持"生态防病为主，低毒药物为辅""药物预防为主，治疗为辅"的原则。保持合理的混养密度、投饲施肥量，严格执行养殖管理制度，减少病害发生。

早春因水质清瘦，为防治青苔，可在晴天的中午用喷雾器喷施"青苔净"。不使用国家规定的禁用药物，在 7—9 月使用强氯精、二溴海因进行防治消毒，使用微生物制剂进行水质调节。生态养殖病害的发生率较低，平常注意调节 pH 值保持在 7.5~8.8。平常投喂的每百千克饲料中加大蒜 6~10 kg，以防止蟹类肠道疾病的发生。

常见的蟹类疾病有水肿病、黑鳃病、纤毛虫病、颤抖（抖抖）病、肠炎病等，见表 3-1。

表 3-1　　　　　　　　　　　　常见的蟹类疾病

名称与图示	病因	症状特征	流行特点	危害情况
水肿病	腹部受伤感染病菌所致	病蟹肛门红肿，腹部、腹脐及背壳下肿大呈透明状，病蟹匍匐池边，活动迟钝或不动，拒食，最终在池边浅水处死亡	1）夏、秋季为其主要流行季节 2）主要流行温度为 24~28℃	主要危害幼、成蟹。发病率虽不高，但受感染的蟹死亡率可达 60% 以上
黑鳃病	由细菌引起的，成蟹养殖后期水质恶化，是诱发该病的主要原因	发病初期病蟹部分鳃丝变暗褐色，随着病情的发展，全部变为黑色。病蟹行动迟缓，呼吸困难，出现叹气状	主要流行季节为夏、秋季	1）主要危害成蟹，常发生于成蟹养殖后期 2）发病率 10%~20%，死亡率较高
纤毛虫病	由累枝虫、钟形虫、斜管虫等纤毛类虫体寄生于河蟹体表、附肢、鳃部等部位引起	发病初期，蟹体表长有许多黄绿色或棕色绒毛状物，病蟹行动迟缓，对外来刺激无反应，触角不敏感，经鳃部流出的水流缓慢，体表、附肢有滑腻感	流行期为 4—5 月，5 月下旬最为严重，防治期为 7—9 月高温期	幼蟹和成蟹都能感染，是河蟹养殖中的主要疾病，以黄蟹至绿蟹阶段较为明显，尤其是二龄以上性成熟的蟹感染率较高
颤抖病	由饲养管理不善、水环境差引起	最典型的症状为步足颤抖、环爪、爪尖着地，腹部离开地面甚至蟹体倒立。病蟹反应迟钝，行动缓慢，螯足的握力减弱，蜕壳困难，吃食减少甚至不吃食；鳃排列不整齐，呈浅棕色或黑色，肝胰脏呈淡黄色	病蟹体重为 3~120 g，100 g 以上的蟹发病最高。发病季节为 5—10 月上旬，8—10 月是发病高峰期，流行水温为 25~35℃	主要危害二龄幼蟹和成蟹，当年养成的蟹发病率一般很低。从发病到死亡往往只需 3~4 天，沿长江地区，特别是江苏、浙江等地流行严重

续表

名称与图示	病因	症状特征	流行特点	危害情况
肠炎病 	一般因水质不佳、饲料变质引起	发病初期体色发白，病蟹摄食减少，肠道发炎，无粪便排出，有黄色黏液流出，有时肝、肾、鳃也会发生病变，有时表现出胃溃疡且口吐黄水	—	幼蟹至成蟹的各个阶段都可能感染该病。该病在各地均有发生，主要危害成蟹，发病率不高，但病蟹死亡率可达 30%~50%，残存病蟹的个体规格及商品价值均有所下降

3.3.8 成蟹捕捞

在虾蟹个体成熟后，采用地笼方式捕捞。由于混养，地笼捕捞难以区分品种，起笼后要小心放回未长成熟的河蟹。

3.4 南美白对虾养殖

3.4.1 虾苗放养

1. 放苗前准备

（1）水质条件。水质要求清新、无污染、溶解氧 5 mg/L 以上，pH 值 7.8~8.5，透明度 30~40 cm。

（2）配备增氧机。精养池、半精养池一定要配备增氧机。配备数量根据计划单产指标来定，如亩产指标 400 kg，每亩配置增氧机（1.1 kW，50 Hz）0.5 台，如亩产指标 600 kg，配置 0.8 台（根据实际面积计算取整数）。在实际生产中，增氧机（1.1 kW，50 Hz）可供 4 亩养虾水面的增氧。

2. 培养基础饲料生物

虾苗入池前，培养足够的基础饲料生物是养虾前期提高虾苗成活率、增强虾苗体质、加速虾苗生长的关键性措施，同时饲料生物对净化水质、吸收水中氨氮和硫化氢等有害物质、减少病害、稳定水质起重要作用。

培养基础饲料生物的时间按不同的养殖方式和纳水办法确定。一般养殖池在放苗前10～15天进行，可在清塘后一周左右，进水50 cm，施有机肥和无机肥培养基础饲料生物。施尿素3 kg/亩，过磷酸钙0.5 kg/亩，或全池泼洒活力菌$0.5\sim1g/m^3$，使池水呈黄绿色或茶褐色，透明度25～40 cm，pH值在8左右。施肥量要根据虾塘底质等情况灵活掌握。

3. 放养要求

（1）虾苗选择。要选择健壮活泼、规格均匀、体表干净、肠道饱满、反应灵敏、躯体透明度大、无病灶的南美白对虾虾苗。

（2）规格。一般体长为1.0～1.2 cm，最好是体长1.5 cm以上。

（3）适时放养。南美白对虾苗最适生长水温为22℃～35℃，此水温范围内，放养虾苗生长速度快，摄食量大，抗病力强。

（4）放养密度。南美白对虾苗计数时，随机抽取已包装好的氧气袋，逐个计数。一般虾塘为1.5万～2万尾/亩，半精养虾塘2万～3万尾/亩，精养虾塘3万～4万尾/亩，工厂化养殖200尾/m^2，每亩放养10万尾以上。具体放养密度根据池塘条件、养殖技术、管理水平而定。

（5）放养操作。放养虾苗时，要做好"兑水"工作，虾苗运抵后，先将虾苗袋放在池水中，经过15分钟后，虾苗袋中水温与池水温相差不超2℃时再在上风处的池边和左右两旁进行开袋放养。需要注意的是，一定要购买已经淡化好的虾苗（盐度为0.5‰），否则要经淡化处理。在池塘的上风处放苗，放养密度3万～4万尾/亩，并每亩搭配50尾花白鲢调节水质。

经淡化好的虾苗完全可以在纯淡水中生长。但为保证虾的生长、蜕壳和新壳迅速生长所需的营养元素，虾苗放养前，首先要将水产养殖专用盐按每亩100～150 kg堆放在虾池四周，让其慢慢溶解，增加池水盐度。并在养殖后期（60天后）补充施用水产养殖专用盐、氯化钙、硫酸镁等。这也是我国成功进行南美白对虾养殖的重要环节。

3.4.2 日常管理

1. 池塘水色的调控

养殖南美白对虾理想的水色是由绿藻或硅藻形成的黄绿色或黄褐色，常规的调控方法是在池水中按比例施入氮肥和磷肥。到养殖中后期，由于残饵及虾体排泄物增多，水色变深，要适量换水、加水或施入一定的沸石粉或生石灰来控制水色。

2. 维护虾池生态平衡

实践证明，凡浮游生物少的池塘，对虾发病早，体长仅 5 cm 就可能发病；反之，体长 8 cm 以上才见个别虾体出现病症。应减少水中氨氮、硫化氢等有害物质，增加池水中的溶解氧，改善对虾生长的水质环境和底质条件，减少对虾的危害。通常池塘消毒后 3 天，将 1 kg/亩的活性微生态剂拌于沙土中，撒于池底，然后纳水、肥水，肥水时用 2 g/m^3 的底质改良剂全池泼洒，可有效维护虾池生态平衡。

在南美白对虾的养殖过程中应注意调控 pH 值不宜过高，否则会增加氨氮的毒性，抑制虾的生长。随着养殖对虾的生长，虾体对水中溶解氧的需求量也越来越大，前期应视水质状况间歇开增氧机，随后逐渐延长开机时间，精养池和工厂化高密度养殖池到中后期必要时需 24 小时开机，以保证池水溶氧量在 5 mg/L 以上，池塘底层溶氧量在 3 mg/L 以上，不能低于 1.2 mg/L。养殖前期，透明度保持在 25~40 cm，中后期应保持在 35~60 cm，若透明度低于 20 cm，应适量换水、加水或施入沸石粉、生石灰，若透明度过大，可适量追施氮肥和磷肥以调控水质。

3. 投喂

一般投喂廉价的冰鲜鱼浆和小贝类，也可投喂一些配合饲料。投饲量应根据虾的大小、成活率、水质、天气、饲料质量等因素而定。养殖前期（体长 1~3 cm）日投饲量为虾体重量的 8%~10%，中期（体长 3~10 cm）投饲量为虾体重量的 5%~7%；后期投饲量为虾体重量的 3%~4%。每天多次投饲，晚间投饲量为虾体重量的 60%~70%。

4. 日常管理

每天早、中、晚、午夜巡塘，观察水色及对虾活动情况、生长情况和饱食率，以调节投饲量，视情况开、关增氧机。

3.4.3 虾苗淡化

虾苗对水体盐度的降低需要一个逐步适应的过程。每天的盐度变化不得高于 1。驯化南美白对虾虾苗适应淡水生长，必须驯化虾苗适应盐度。南美白对虾淡化驯养池放苗 48 小时后再逐步加淡水进行淡化驯养。

1. 淡化过程

（1）淡化池盐度要求。用海水或海水晶调节池水盐度，使其与虾苗场的虾苗池盐度尽可能接近（所以一定要和苗场沟通好），不能超过 2。

（2）苗的投放密度。水泥淡化池每平方米建议投放虾苗 1 万~2 万尾。

（3）淡化方法。因地制宜置备淡化池，可以在宽阔的塘基、空地建造水泥池，也可以在池塘中建立简单的池子。面积按需要淡化的量配备，池子最高水位 1 m，并配备增氧设施。增氧设施以底部增氧方式为主。

1）苗场盐度在 15 以上。投苗时池水控制在 50 cm，自投苗的第三天起，每天上午添加淡水 10 cm。到加水的第五天，池水水位加至 100 cm，然后每天上午先排池水 10 cm，接着加淡水 5 cm，下午再加淡水 5 cm，维持当天池水水位不变，这样在淡化的 13 天内使池水盐度每天降低 1~2。

当池水盐度降至 3 时，每天上午排池水 20 cm，当天上午、下午各加淡水 10 cm，保持当天水位不变，待池水盐度降到 0.5 以下时，将虾苗移入池塘养殖，此时虾苗体长一般在 2.5 cm 以上。整个淡化过程在 20 天左右。

2）苗场盐度在 7 甚至在 3 以下。以 1 m 深的池为例，每天加淡水 10 cm 甚至多一点，主要盐度变化一天内不要超过 1，整个过程需要 5 天以上。

2. 注意事项

（1）如果采用小池高密度养殖，由于密度高、投料多，加上棚内光合作用差，容易出现亚硝酸盐和氨氮飙升而影响虾苗成活率。建议在投料的第二天，每立方水体泼洒"蓝荧标兵" 1 g，可以有效避免亚硝酸盐、氨氮升高。

（2）必须少量多餐，一天投饲次数在 6 餐以上。水泥池淡化最好不要单纯投喂虾片，尽可能配合丰年虫一起投喂，避免水质难以控制。

（3）淡化时，尽可能控制水温不要太高，以 24~28℃为宜。

（4）采用每 36 小时或每 24 小时降低盐度 2 来驯化南美白对虾虾苗，虾苗的存活率较高。在驯化后期盐度较低时，过频降低盐度对虾苗存活率影响较大。从缩短驯化时间和提高虾苗存活率方面考虑，采用每 24 小时降低盐度 2 的驯化方式最适宜。

（5）采用每 12 小时降低盐度 1 或每 24 小时降低盐度 2 来驯化南美白对虾虾苗，虾苗的存活率较高。每次淡化幅度达到 4 时，即使淡化时间间隔较长，虾苗存活率降低明显，特别是驯化后期盐度较低时，对存活率的影响特别大。采用每 24 小时降低盐度 2 的驯化方式最好，虾苗存活率高，又可降低工作量。

（6）不同盐度虾苗直接放入淡水。适应盐度越高的虾苗直接放入淡水存活率越低，适应盐度 2 的虾苗直接放入淡水，存活率较高；南美白对虾虾苗必须驯化至适应盐度 2 以下，才可在淡水放养。

3.4.4　虾病防治

在放苗后 30~60 天是南美白对虾病毒性疾病高发期，这期间要按不同疾病采取相应防治措施。

1. 生物防病

使用活性微生态制剂或底质改良剂调节水质，在饲料中添加活性饲用微生物、FRC（活力源鱼类添加剂）等，能有效改善对虾的肠道功能，增加其对饲料的吸收率，并抑制病菌发生，增强机体免疫能力，促进其生长。

2. 药物防病

每隔 10~15 天可全池泼洒溴氯海因、二溴海因、二氯海因等海因类消毒剂 1 次。

3. 虾类常见疾病

虾类常见疾病（见彩图 15）有桃拉病毒病（Taura 综合征）、白斑综合征（WSSV）、固着类纤毛虫病、黄头病、烂眼病、传染性皮下及造血器官坏死病、红腿病（弧菌病或败血病）、烂鳃病、烂尾病、丝状细菌病、褐斑病等。

（1）桃拉病毒病

1）病原。直径 31~32 nm 的桃拉病毒，靶器官为南美白对虾的甲壳上皮（附肢、鳃、胃、食道、后肠）、结缔组织等。

2）症状。发病初期，对虾群体常出现环游现象，虾体无明显改变，仅尾扇出现蓝色斑点或少量微小的白色斑点，肉眼分不出肝脏和心脏，只能看出肝脏肿大或变淡红。病毒感染后 2~3 天虾食欲猛增，大触须变红，肌肉变浑浊。后期肝胰脏肿大，变白；红须、红尾，壳软，体色变茶红色，尤其是尾扇和胸甲变红，部分病虾甲壳与肌肉容易分离，头胸甲有白斑；大部分病虾肠道发红且肿胀，镜检发现红色素细胞扩张；病虾摄食减少或不摄食，消化道内无食物，病虾在水面缓慢游动，离水后即死亡。一般幼虾发病率高，死亡率高达 80%。幸存对虾甲壳有黑斑，即虾壳角质有黑化病灶。

3）流行情况。该病可发生于整个养殖期。带病毒的亲虾和虾苗、水和水中的甲壳动物、水鸟粪便都可能是传播途径。

一般出现在虾苗放养后 10~40 天，一旦发病可造成 40%~90% 的幼虾死亡。急性传播时，死亡率可高达 60%~90%，死亡大多数发生在虾蜕皮期间或蜕皮后。该病特点是病程短，发病迅速，死亡率高，一般发现病虾至病虾不摄食仅 5~7 天，10 天左右出现大规模死亡，在环境恶化时，死亡加剧。

4）防治方法

①对于进口的亲虾，要严格进行检测，严禁购买走私虾苗和来历不明的亲虾。

②调整虾池水质平衡及稳定，pH 值维持在 8~8.8，氨氮质量浓度维持在 0.5 mg/L 以下，透明度维持在 30~60 cm。

③每 10~15 天（特别是在进水换水后）应及时用溴氯海因（质量浓度 0.5 mg/L）或

二溴海因（质量浓度 0.2 mg/L）全池泼洒。通常在养殖 30 天后，即采用二溴海因（质量浓度 0.3 mg/L）全池泼洒，次日早上采用季铵盐络合碘（质量浓度 0.4 mg/L）全池泼洒消毒。

④在饲料中添加适当的添加剂。

（2）白斑综合征

1）病原。病原是一种具有囊膜的无包液体（亚群杆状病毒）成团或分散于受侵害的细胞核或细胞质中，其侵犯的组织广泛，包括皮肤上皮、消化系统上皮、淋巴器官、触角腺、造血组织、鳃、血淋巴细胞、肌肉纤维质细胞等，可称为全身性感染。

2）症状。发病初期，病虾厌食，离群，活力下降，行动迟缓，偶尔间断浮出水面，肠胃内无食物。发病中期，病虾在池边独游或潜伏池底，头胸甲及腹甲容易揭开而不粘连，体表常附有黏物，甲壳内侧可见白点，特别是头胸甲剥离后可见有黑白相间的不规则斑点，有时变为淡黄色，严重者白点连成白斑，在显微镜下观察呈重瓣的花朵状，大部分病虾第二触角折断。发病后期，典型的症状为体色稍变红或灰白，血淋巴混浊，肝胰脏肿大、糜烂，呈现淡黄色或灰白色。

3）流行情况。该病主要发生在 6—8 月，传播迅速，蔓延广，1 月龄左右的幼虾易被感染，一般 3~10 天内大量死亡，死亡率高达 80%~90%，是当前常见的南美白对虾暴发性流行病之一。

主要传播途径为带病毒的食物，水中的病毒粒子也可经鳃腔膜的微孔进入虾体，引起鳃及全身的病变。死亡的进程随着体长的增大而缩短，即大虾死亡要比小虾快得多。环境条件是诱发白斑综合征发生的主要因素，水温在 20~26℃ 时发病猖獗，为急性暴发。此外，天气闷热、连续阴天、暴雨、池中浮游藻类大量死亡、池塘底质恶化等均可诱发本病暴发。如果苗种带病毒，随时可诱发，特别是在环境突变时，带病毒的虾会突然暴发死亡。

4）防治方法。对白斑综合征，目前尚无有效的药物治疗。采取的根本措施是强化饲养管理，进行无公害健康养殖，进行全面综合预防。

①彻底清塘消毒，对苗种进行严格检测，杜绝病原从苗种带入。

②加强饲养管理，使用无污染和不带病原的水源，投喂优质高效的配合饲料。

③保持虾池环境的相对稳定，不滥用药物。

④加强巡塘，经常开启增氧机，发现池水变化要及时调节，遇到疾病流行时要停止换水。

⑤科学投饲，少食多餐。

（3）固着类纤毛虫病

1）病原。病原为固着类纤毛虫，常见的有聚缩虫、草缩虫、累枝虫、钟虫、鞘居虫等。

2）症状。鳃区黑色，附肢、眼及体表各处呈灰黑色的绒毛状。取鳃丝或体表附着物制作浸片，在显微镜下观察，可见纤毛虫类附着。病虾浮游于水面，离群独游，反应迟钝，食欲不振、厌食、不能蜕皮，常因缺氧、呼吸困难而死亡。尤其在对虾养成中后期，由于虾池底层含有大量有机碎屑、腐殖质，有的虾池因换水困难或因虾体感染细菌、病毒等原发性病原生物，而促使纤毛虫病原体大量繁殖并附着于虾体上。

3）防治措施

①保持底质清洁，经常去除氨氮、硫化氢等有毒物质，每亩每月需用20~50 kg沸石粉泼洒全池。

②增加水体中的氧气。

③用质量浓度10~15 mg/L的茶粕全池泼洒，促进对虾蜕皮，并大量换水。

（4）黄头病

1）病原。病原为一种杆形的RNA（核糖核酸）病毒，即黄头病毒（YHV）。

2）症状。患病对虾开始特别会吃食，然后突然停止吃食，在2~4天内就会出现临床症状并死亡。其头胸部因肝胰腺发黄而变成黄色，显得特别软。但不能根据这些特征把黄头病和其他病相区别。在疾病暴发期间，可以用组织病理做初步诊断。濒死虾的鳃、皮下组织压片和组织切片用HE（苏木精-伊红）染色后能看到大量圆形的强嗜碱性细胞质包涵体。在暴发时，取外表正常的虾来制备血淋巴涂片，能看到中度到大量的血细胞核发生固缩和破裂，但濒死的虾由于血淋巴组织被破坏，故通常看不到。

3）防治措施。排淤修池，暴晒池底，彻底消灭病原体，杜绝传染源，1 m水深，每亩采用70~100 kg生石灰现化现浇，不留死角，包括进水渠。投入苗种前必须及时培肥水质，定向培育浮游生物，可采用"活性肥水素"使虾苗下池后有充足的天然饲料，快速生长，体质健壮，抗病力强。选择优质健康的虾苗，消毒下池，合理密养。选择优质全价饲料，严格控制投饲量，采取少吃多点投饲方法，减少残饵污染。使用活菌制剂"益利多（枯草芽胞杆菌）"或用"底质净"控制水质，保护水环境。定期添加中草药制剂"病毒散（盐酸吗啉呱+中草药）"，每千克饲料中添加4 g，连服4天，提高虾的抗病能力。同时每千克饲料中添加维生素E 1 g、维生素C 2 g。

（5）烂眼病

1）病原。病原为非01群霍乱弧菌。

2）症状。病虾伏于池边水底，反应较迟钝，有时浮于水面旋转翻滚。发病初期眼球肿胀,逐渐由黑变褐,之后溃烂。溃烂一般从眼球前部开始,严重者眼球脱落只剩眼柄。还有一种症状,眼球上先出现一个白色斑点,斑点逐渐变黄再变褐色,最后溃烂穿孔。当细菌侵入血淋巴后变成菌血症而死亡。病虾多在一周内死亡。此病在低盐度养殖区较为多见。

3) 防治

①非 01 群霍乱弧菌是条件致病菌,因此防治措施主要是提高饲养管理技术,增强对虾的抗病能力。做到彻底清塘;维持合理的放养密度;改善给排水条件,保持良好的水质;特别要防止因投饲过量造成残饲分解,败坏水质;尽量减少不必要的捕捉和搬运,以免虾体受伤;尽可能避免水温、盐度等环境条件的突然改变;投喂优质饲料等。

②泼洒 pvp 碘(质量浓度 0.5~0.8 mg/L),内服虾速康及维生素 C 等 5~6 天。

③泼洒"病毒克101"(质量浓度 0.5 mg/L),养邦(质量浓度 0.7 mg/L),特效净水灵(质量浓度 0.4 mg/L)中的一种,同时内服 2% "虾病消",连喂 5~7 天。

3.4.5 对虾捕捞

1. 小批量上市可用地笼起捕,大批量上市应用分段拉角捕捉。建议尽量采用地笼网诱捕,少用拉网起捕,以免对虾受伤和产生应激反应。要根据虾的大小选合适的网具,起捕大留小的目的。

2. 高温天气捕捞要选择晴天,做到先增氧、后动网。同时动作要快,人员安排要充足,尽量减少捕捉时的操作损伤。天气不好,或当寒潮侵袭、气温突降(温差超过5℃时)时不能收虾,在气温回升后再起捕。

3. 捕前停食或少饲。捕捞前一天应停食或减少投饲量,切忌为增加上市虾的体重而大量投喂精料。

4. 如水质突然变坏,要尽快收虾。

5. 虾生长停滞时要突击捕虾,高产精养虾塘应采取轮捕的方法,当部分虾长到商品规格时就分批起捕,分几次捕捞,使南美白对虾养殖达到高产高效的目的。

6. 虾生长正常的,要根据池塘虾的存有量,确定适宜的具体捕捞量,一方面要达到稀疏密度的效果,另一方面也要避免过度捕捞影响产量。一般捕捞量不应超过池塘存有量的 40%。

7. 捕捞之后要注意管理,捕后的池塘虾活动加剧,耗氧量增大,且在捕时搅动了池底淤泥、残渣,底部有机物翻起,加快了氧化分解速度,也大大增加了耗氧量,故而池水的溶氧会迅速降低,极易引起池虾缺氧浮头,需要及时冲注新水或开动增氧机增氧,并可全池泼洒生石灰浆消毒杀菌，改良和调节水质，以确保池虾安全，谨防发生意外。2~3天后最好使用些生物制剂调节水质。在捕捞结束后可连续投喂3~4天药饵，可以用大蒜素、土霉素或其他用于防病的中草药制剂（如"虾病康"）等配饵投喂。

3.4.6 对虾运输

1. 活虾运输

（1）常用活虾运输方法。常用的活虾运输方法有充氧带水运输和保湿无水运输，为保证商品虾的鲜活度，对运输的设施和装运均有一定的技术要求。

1）充氧带水运输。将收获的活对虾迅速转入敞开式或封闭式的带水容器，使用充气机、水泵喷淋，直接充入氧气保证容器中水体的溶解氧供给。同时，通过冷风机或冰块严格控制水体温度18~22℃，暂时降低对虾的活力，实现活虾运输。

2）保湿无水运输。将收获的活对虾迅速装入隔热性良好的容器中，采用保湿材料盖住虾体，使虾体表面保持潮湿，配以冷风机或冰块降低温度，将温度稳定控制在15~18℃，暂时降低对虾的活力，实现活虾运输。

（2）运输活虾过程的注意事项

1）选择规格均匀、体表清洁、体质健壮、附肢齐全、无伤病、活力好的同一品种对虾，其品质应符合《食品安全国家标准 鲜、冻动物性水产品》的规定。

2）运输用品安全装运过程应注意保证装运对虾的清洁、卫生。首先应注意用水、用冰的卫生，淡水虾用水应符合《无公害食品淡水养殖用水水质》的规定；海水虾用水应符合《无公害食品海水养殖用水水质》的规定。对于海水虾还应该加入与对虾原生地水体盐度相同的海水，采用加冰降温则应按所加冰块重量加入相应的海水晶，使盐度保持稳定，避免因水体盐度淡化造成对虾渗透压调节不平衡而影响对虾的品质。其次，装运容器、工具应保持洁净、无污染、无异味，在装运前应进行灭菌消毒，禁止带入有污染或潜在污染的化学药品，在运输过程中应保证水质稳定。

3）低温运输时，起运前宜采用缓慢降温法对待运活虾进行降温，温度宜控制在15~18℃。运输时应采用保温车运输，调节温度至对虾的休眠温度。若无控温设备，温度高时可用冰袋降温。此外，还应避免在虾只大量蜕壳期间装运。

2. 冰鲜虾的运输

对虾起捕后，迅速置于冰水中1~2分钟，然后放入装有碎冰的泡沫箱中，用保温车进行运输。用水、用冰要求同活虾运输时的要求。

 技能要求

生石灰干法清塘

操作准备

池塘（或模拟）、生石灰（若干）、米尺（100 m）1把、铁锹1把。

操作步骤

步骤1　测量池塘水体体积。

步骤2　确定药物质量浓度。

步骤3　正确计算药物用量。

步骤4　鉴别药物质量。

步骤5　将池水基本排干。

步骤6　在塘底挖若干个小坑，将生石灰分别放入小坑中加水溶化，不待冷却即向池中均匀泼洒。

托盘天平的使用

操作准备

托盘天平1台，含配套砝码，被测量物品多个。

操作步骤

步骤1　调平，操作步骤正确。

步骤2　称量，物体质量测量正确（左物右码）。

步骤3　称量完毕整理天平，将砝码放回砝码盒指定位置。

 本章测试题

一、**判断题**（将判断结果填入括号中。正确的填"√"，错误的填"×"）

1. 带水清塘，生石灰用量为每亩平均水深1 m用125~150 kg。　　　　（　　）

2. 鱼种下塘时的水温差应小于5℃。　　　　（　　）

3. "八字精养法"中"种"是指优良鱼种。   （   ）

4. 优质蟹苗的体色为灰色。   （   ）

5. 河蟹的性腺重量与肝脏重量成正比。   （   ）

二、单项选择题（选择一个正确的答案，将相应的字母填入题内的括号中）

1. 养鱼池的池形以（   ）为好。

  A. 长方形　　　　B. 椭圆形　　　　C. 方形　　　　D. 圆形

2. "（   ）"就是在苗下塘前1周左右，施有机肥培育浮游生物，使鱼苗下塘时有充足的天然饲料。

  A. 清水下塘　　　B. 肥水下塘　　　C. 黄水下塘　　　D. 以上都不正确

3. 在投喂蟹种饲料应遵行"四定"原则是指（   ）。

  A. 定点、定量、定时、定位　　　　B. 定质、定量、定时、定位

  C. 定质、定量、定时、定点　　　　D. 定质、定点、定时、定位

4. 形成河蟹性早熟的原因是（   ）。

  A. 营养过剩　　　　　　　　　　　B. 种质资源退化

  C. 养殖水体盐度过高　　　　　　　D. 以上都正确

5. 在淡化南美白对虾时，应采用（   ）的方法。

  A. 缓慢淡化　　　B. 快速淡化　　　C. 逐步淡化　　　D. 一次淡化

本章测试题参考答案

一、判断题

1. √　　2. ×　　3. √　　4. ×　　5. ×

二、单项选择题

1. A　　2. B　　3. B　　4. D　　5. C

第 4 章

水产养殖投入品

4.1 苗种 /78
4.2 饲料 /79
4.3 肥料 /83
4.4 渔药 /87
4.5 微生物制剂 /97

学习目标

- ◆ 了解水产养殖苗种引进的要求
- ◆ 掌握优质苗种选择的标准
- ◆ 熟悉饲料的种类
- ◆ 掌握饲料的投喂技术
- ◆ 熟悉肥料的种类、作用和特点
- ◆ 掌握无机肥、有机肥的施用方法
- ◆ 掌握渔药的使用方法和原则
- ◆ 能够识别违禁渔药
- ◆ 了解微生物制剂的种类
- ◆ 掌握光合细菌的使用方法

知识要求

4.1 苗 种

苗种是指各种自然繁殖、捕捞及人工繁殖的鱼、虾、蟹、贝、龟、鳖等水生动物的卵、苗及幼体。

4.1.1 苗种的引进

根据上海市地方标准 DB31/T 348—2005《水产品池塘养殖技术规范》要求，苗种应从获得《上海市水产良种合格证》的养殖场和上海市增殖放流种苗定点培育基地等处引进。引进苗种的养殖场应具备开展苗种生产的设施、场地，并具有相应的技术能力。外省供应的苗种应有检疫证明。

4.1.2 苗种的选择

优质苗种的选择标准为体色正常、体表无伤、体质健康、活动力强、规格整齐。鱼苗质量的鉴别标准见表 4-1。夏花鱼种质量优劣的鉴别标准见表 4-2。

表 4-1　　　　　　　　　　　鱼苗质量鉴别标准

优质鱼苗	劣质鱼苗
在容器内,将水搅动产生漩涡,鱼苗在漩涡边缘逆水游泳	在容器内,将水搅动产生漩涡,鱼苗大部分被卷入漩涡
鱼苗游泳活泼,身体洁净	鱼苗游泳迟缓或伏于水底,鱼体拖带污泥
在盘中口吹水面,鱼苗逆水游泳,倒去水,鱼苗留在盘底剧烈挣扎	口吹水面,鱼苗顺水游动,倒去水,鱼苗挣扎力弱
头尾弯曲呈圆圈状	头尾勉强扭动或不能扭动

表 4-2　　　　　　　　　　　夏花鱼种质量鉴别标准

优质夏花鱼种	劣质夏花鱼种
规格整齐,头小背厚,体色光亮,肌肉润泽,无寄生虫	规格小且不整齐,头小背狭尾柄细,体色暗淡,鳞片残缺
行动活泼,集群游泳,受惊时迅速成群入水底,抢食力强	行动缓慢,分散游动,受惊时反应不灵敏
喜欢水下活动,逆水游泳前进	逆水不前

4.2　饲　　料

4.2.1　饲料的种类

饲料可分为植物性饲料、动物性饲料、配合饲料,配合饲料营养较全面。

1. 植物性饲料

植物性饲料的分类见表 4-3。

表 4-3　　　　　　　　　　　植物性饲料的分类

种类	说明
谷类饲料	黄豆、麦类、玉米等
饼粕	茶籽饼、豆粕、花生饼等
青饲料	黑麦草、苏丹草、浮萍、轮叶黑藻、苦草等

2. 动物性饲料

动物性饲料包括螺蛳、蚌、摇蚊幼虫、水蚯蚓、水生昆虫、蚕蛹、鱼粉等。

3. 配合饲料

配合饲料是指针对动物的不同生长阶段、不同生理要求、不同生产用途,以饲料营养价值评定的实验和研究为基础,按科学配方把多种不同来源的饲料依一定比例均匀混合,并按规定的工艺流程生产的饲料。

(1)配合饲料的种类。配合饲料按照外观形态、在水中的沉浮及营养成分可进行多种划分,具体见表4-4。其中颗粒饲料按照含水量和密度的不同,又可分为硬颗粒饲料、软颗粒饲料、膨化颗粒饲料、微型颗粒饲料、微囊饲料。

表 4-4　　　　　　　　　　配合饲料的种类

划分标准	说明
饲料形态	粉状饲料、颗粒饲料
饲料水中沉浮性	浮性饲料、半浮性饲料、沉性饲料
饲料营养成分	全价饲料、浓缩饲料、预混料、添加剂

(2)配合饲料的优点

1)营养全面,便于养殖对象吸收利用,降低饲料系数。

2)扩大饲料来源。许多饲料单独使用效果很差或无法使用,但可作为配合饲料中的原料之一,有时甚至还能提高整个饲料的营养价值。

3)提高饲料的适口性和利用率。配合饲料采用现代化的加工机械和技术,可以制成多种物理性能的饲料以适应多种养殖对象的需求。

4)减少饲料营养成分在水中的散失,减少浪费,防止水质因饲料污染而恶化。配合饲料在加工过程中产生的热量能破坏一些原料中的抗代谢物质,并使淀粉类物质胶质化,增加黏结作用,从而提高饲料在水中的稳定性,受热之后的蛋白质、淀粉易被养殖对象消化。

5)适宜自动化投饲,使水产养殖向机械化、工厂化发展。

6)可在配料中加入防病药物,防治病害。

(3)配合饲料的贮存。配合饲料应在干燥、通风性能良好的仓库中贮存。同时,应注意防潮、防雨和防虫害、鼠害,也要防止被有毒有害物质污染,确保使用安全。配合饲料贮存中的水分一般要求在12%以下。在良好条件下贮存的时间会相对长些,一般可保存90天左右。

(4)颗粒饲料质量鉴别。主要采取"看、闻、捻、泡、嚼"进行鉴别。

1）看，主要是看颜色、粒度、沉水速度。

2）闻，颗粒饲料是由各种原料混合后经熟化制成的，熟化后会散发出特有的香味，无霉味、臭味及其他难闻的味道。

3）捻，一般情况下用手指捻几下不碎即可，若一捻即碎，搬运中粉化率较高；若硬度很高，适口性较差。

4）泡，将饲料放到水中浸泡，一方面可以检查饲料在物理性能上能否满足鱼类消化道的需求，另一方面也可以分析其原料的大致组成。

5）嚼，经过咀嚼，可以感受一下颗粒的硬度、有无异味、饲料是否变质、饲料是否掺有杂质（如沙粒、泥土等）。

4.2.2 饲料的投喂

1. 坚持"四定、四看"投饲原则

掌握"四定、四看"投饲原则，既可以提高饲料的利用率，也有利于养殖对象健康成长，"四定、四看"具体内容见表4-5和表4-6。

表4-5　　　　　　　　　　饲料投喂"四定"具体内容

四定	说明
定质	饲料的质量应满足所养殖对象对营养的需求，不能发生某种或几种营养物质缺乏或过量，否则会影响养殖对象正常生长进而产生病害，使养殖成本大幅度上升 草类饲料要求鲜嫩、无根、无泥；精饲料要求粗蛋白质高；颗粒饲料要求营养全面、适口，在水中不易散失
定量	每天的投饲量要根据养殖对象的生长需求来定，每天、每旬、每月、每季的投喂量是相对固定的。在不同水温和天气下，适当调整投饲量 每天的投饲量不能忽多忽少，在规定时间内吃完，以避免养殖对象时饥时饱，影响消化、吸收和生长，并易引起养殖对象病害发生
定时	每天投饲时间和次数相对固定，使养殖对象养成定点摄食的习惯，有利于饲料的利用和对养殖情况的观察 必须让养殖对象在池水溶氧高的条件下吃食，精饲料和配合饲料应根据水温和季节适当增加投喂次数（指一天投饲量不变，但分成多次投喂），以提高饲料利用率
定位	在养殖水体中将养殖对象驯化到固定的地点集中摄食，有利于提高饲料利用率，便于对养殖对象吃食情况和病害情况进行观察，便于清除剩饵，保证养殖对象吃食卫生。但此方法仅限于能够形成条件反射的种类，不能形成条件反射的种类（如甲壳类的虾蟹）不能采用此法，必须采用全池遍洒的投喂方法

表 4-6　　　　　　　　　　　　饲料投喂"四看"具体内容

四看	说明
看水温	鱼的摄食量和代谢强度是随着水温变化而变化的，冬季或早春气温低，鱼类摄食量小，应少量投饲，投饲率可控制在 1%~2%；夏秋季水温稳定在 25~30℃，除鱼病流行期、天气异常和水温过高时应控制投饲量外，投饲率可控制在 4%~5%；秋季天气转凉，水温稍有降低，投饲率可控制在 3%~4%，以促进鱼类的快速生长。在鱼病季节和梅雨季节应控制投饲量
看水色	池塘水色以黄褐色或油绿色为好，可正常投饲。如水色过浓转黑，表示水质要变坏，应减少投饲量，及时加注新水
看天气	天气晴朗，池水溶氧条件好，应多投；阴雨天溶氧条件差，应少投；天气闷热，无风欲下雨应停止投饲
看吃食情况	每天早晚巡塘时检查食场，了解鱼类吃食情况。如投饲后很快吃完，应适当增加投饲量；如投饲后长时间未吃完，应减少投饲量

2. 投饲量的计算及分配

（1）全年投饲计划和各月分配。为了保证饲料及时供应，做到根据鱼类生长需要，均匀、适量地投喂饲料，必须在年初规划好全年的投饲计划。

1）计算每亩净产量。根据各成鱼池的放养量和规格，确定各种鱼类的净增肉倍数，根据净增肉倍数确定计划净产量。

2）根据饲料系数或综合饲肥料系数计算全年投饲量。

例如，有一口 10 亩的成鱼池，主养鲤。每亩放养鲤 80 kg，计划净增肉倍数为 7。即每亩净产鲤为 80 kg×7 = 560 kg，全池净产鲤为 560 kg/亩×10 亩 = 5 600 kg。该池投喂鲤颗粒饲料，其饲料系数为 2。则全年该池计划投颗粒饲料量为 5 600 kg×2 = 11 200 kg。

$$饲料系数 = 饲料消耗量/增重量 \times 100\%$$

饲料系数越低，说明该饲料转化率提高，该饲料使用效果越好。

3）根据月投饲百分比，制订每月的计划投饲量。以天然饲料和精饲料为主的投喂方式，根据当地水温、季节、鱼类生长以及饲肥料供应等情况制订各月饲料分配计划。以配合饲料为主的投喂方式，除了计算月投饲百分比外，还应根据水温和鱼类生长，制订每 5 天的投饲量计划。

尽管各地饲料种类、养殖方法、气候均有所不同，但各月饲料分配比例有其共同点，即在季节上采取"早开食、晚停食、抓中间、带两头"的分配方法，如在鱼类主要生长季节，投饲量占总投饲量的 75%~85%。

(2) 每日投饲量的确定。每日的实际投饲量主要根据当地的水温、水色、天气和鱼类吃食情况（即"四看"）而定。

3. 池塘养殖鱼种的抢食训练

(1) 确定训练地点。在池塘的一边选择池底最坚硬、宽阔、水深 1.5~2.0 m 的地方。

(2) 投喂前，首先要让鱼种在饥饿状态下进行训食。第二天投喂鱼体重的 0.5%~1%，第三、四天投喂鱼体重的 1%~1.5%，第五、六天投喂鱼体重的 1.5%~2%，每天分 3~4 次投喂。

每次投喂时间在 30 分钟左右，投饲前用同一频率先给以声响（如敲击饲料桶的声音），训练鱼到饲料台吃食。

(3) 在驯化投喂过程中，注意掌握好"慢—快—慢"的节奏和"少—多—少"的投喂量，一般连续驯化 10 天左右。每餐鱼摄食颗粒饲料的时间控制在 20~30 分钟。每次投喂应做到量少勤投，以提高饲料利用率。

(4) 投饲必须坚持"匀"字当头、"匀"中求好（质量）、匀中求足。

1) 匀，表示一年中应连续不断地投以足够数量的饲料。在正常情况下，前后两次投饲量应相差不大。

2) 好，表示饲料、肥料的质量佳，适宜鱼类生长。

3) 足，表示施肥、投饲量适当，鱼在规定的时间内将饲料吃完，不过饥过饱。

4.3 肥 料

施用肥料可补充养殖池塘水体无机营养盐类，培育水体中的饲料生物。施用肥料首先促进水中微生物和浮游植物的大量繁殖，然后进一步促使浮游动物和底栖动物的繁殖，是提高水体生产力的重要技术手段。若施肥过量，会使养殖水体的水质恶化并污染环境，造成自然水体的富营养化。施肥针对的养殖对象主要是鲢鱼、鳙鱼、鲤鱼、鲫鱼、罗非鱼等一些滤食性和杂食性鱼类，以及虾、蟹、贝类等。在池塘里施肥，培养浮游生物养鱼，是我国传统养鱼的特色。

4.3.1 肥料的分类

肥料主要分为有机肥料和无机肥料。有机肥料是指含有大量有机质的肥料，有机肥料养分较全面，作用持久，但肥效较迟，且耗氧多，也易污染水质，主要种类为绿肥和粪肥。无机肥料俗称化肥（化学肥料），具有养分量高、肥效迅速、肥劲较短的特点，可直接为水生植物吸收利用，分解不消耗氧气，主要种类为碳酸氢铵、氯化铵、尿素和过磷酸钙。肥料的具体分类见表4-7。

表4-7　　　　　　　　　　　　　　肥料的分类

分类	说明
有机肥料	绿肥、粪肥、混合堆肥、厩肥等
无机肥料	氮肥：碳酸氢铵、氯化铵、尿素等
	磷肥：过磷酸钙、重过磷酸钙等
	钙肥：生石灰、消石灰、石灰石等
	钾肥：硫酸钾、氯化钾等

有机肥料、无机肥料的比较见表4-8。

表4-8　　　　　　　　　　　　有机肥料、无机肥料比较

类别 说明	有机肥料	无机肥料
优点	营养元素较全面，肥效缓而持久	分解快，肥效快；成分较单纯且易确定；用量较少，操作强度较小，对水体的污染较轻等
缺点	1. 成分复杂，肥效变化大，不易掌握准确的施肥量 2. 分解慢，肥效迟 3. 用量大，操作繁重，增加水体中有机物的含量，即使经过发酵后施用也会带入大量有机杂质，易造成水体污染并引起泛池等现象 4. 耗氧量大	1. 肥效不持久 2. 有效成分的水溶性较差 3. 容易改变水体的pH值等理化性质，极易沉淀造成底泥板结 4. 培养的藻类以蓝藻、绿藻为主，饲料价值比鱼类容易消化吸收的金藻、硅藻、隐藻差
使用方法	主要作为基肥，也可作为追肥	一般宜作为追肥
鱼池施肥效果	对各类池塘的施肥效果均好	对肥水池塘施肥效果好，对瘦水池塘施肥效果不佳

4.3.2　池塘施肥

1. 池塘施肥的类型

（1）施基肥。瘦水池塘或新开挖的池塘池底缺少淤泥或无淤泥，水中有机物含量低，水质清瘦，为了改善底质，使之含有较多的营养物质，并不断地向池水中释放，以提高池水的生产力，必须施放基肥。

施基肥应在冬季干池清整后进行，使池塘注水养鱼后，能及时繁殖天然饲料。基肥通常采用有机肥料，可将有机肥料施于池底或积水区的边缘，经日光暴晒数天，适当分解矿化后，翻动肥料，再暴晒数日，即可注水。基肥的施肥数量往往较大，一次施足。具体数量视池塘的肥瘦、肥料的种类等而定，通常每亩施数百千克。

（2）施追肥。为了陆续补充水中营养物质的消耗，使饲料生物始终保持较高水平，在养殖对象生长期间需要追加肥料。施追肥应遵循及时、均匀和量少次多的原则。在鱼类主要生长季节，由于大量投饲，鱼类摄食量大，粪便、残饲多，池水有机物含量高，水中的有机氮肥含量高，此时不必施用耗氧量高的有机肥料，而应追施无机磷肥，以保持池水"肥、活、爽"。

施用无机肥料氮、磷、钾或氮磷混合施肥。水生植物是按一定比例从水中吸收各种营养元素的。因此，施无机肥料时，最好将各种肥料按一定比例混合使用。各种肥料比例和施肥效果有密切的关系。适量施放配合比例适当的肥料后，浮游生物的数量可得到很大的增长。试验表明，在池塘中培养浮游生物时，氮、磷酸、氧化钾的施放比例以 2：2：1 为好。

2. 池塘施肥的方法

（1）有机肥的使用方法。施基肥时，因水温较低，有机肥料分解缓慢，施放量可以多一些。各种水体的基础条件和养殖类型不一致，有机肥的种类、肥效也不尽相同，所以基肥的施放量有较大的灵活性。施基肥的目的主要是使池水在 4—5 月也能处于"肥、嫩、爽"的状态，这对提高鲢鱼、鳙鱼的产量具有十分重要的作用。当水温逐渐升高时，鱼类的活动和摄食能力也逐步加强，为了适应养殖鱼类生长的需要，应该采用追肥的措施。

在用配合饲料喂养的池塘里，产量相对较高，池水应调节成先浓后淡。从春季开始，水温较低，施大量的基肥使水逐步浓起来。进入炎热的夏天以后，可用注入新水的方法将池水稀释变淡，此时还应适当地追施一些磷肥。在肥水养鱼的池塘里，初春施放基肥以后，追施有机肥料的工作还应持续进行，使鲢鱼、鳙鱼有一个较好的生长环境。一般来说，鱼类养殖池水的透明度控制在 25～35 cm，追肥要遵循量少次多的原则。

（2）无机肥的使用方法

1）氮肥的使用方法。氮肥是一种速效肥料，宜作为追肥使用。由于水质条件不同，一般以表层池水中有效氮质量浓度不超过 0.3 mg/L 作为追肥的指标。氮肥施入水中后，如果产生过多的氨态氮（NH_3），会对鱼类产生严重危害，氨态氮是水体老化的重要因素，对养殖生产极为不利。根据氨与酸碱度的关系，水质的碱性越强，生成的氨态氮越多，毒性也越强。因此，养殖水体在高水温或碱性强时，要避免使用氮肥追肥。

2) 磷肥的使用方法。磷肥对于绝大多数养殖水体都是十分必要的。选用磷肥应以水溶性磷肥为宜，这样可以在较短的时间内提高水体表层的含磷量，以利于增加藻类的数量。磷肥一般宜作为追肥用，由于环境等具体条件不同，故应该以表层池水的总磷质量浓度为 100 μg/L 的指标来确定追肥量。使用磷肥时不可与石灰、草木灰等强碱性物质混合使用，否则会生成不溶性的磷酸三钙，会降低肥效。同时，水体以中性或弱碱性为宜，偏酸的水体会形成不溶性的磷酸铁和磷酸铝，也会降低肥效。

3) 钙肥的使用方法。钙肥的施用量根据池塘底质情况、腐泥量、池水酸碱度、水的硬度和是否已经大量使用过有机肥来决定。最常用的是生石灰，也可作清塘消毒剂。

4) 钾肥的使用方法。常见的钾肥有氯化钾、硫酸钾、草木灰等。一般情况下，池塘水体中的钾素较为充足，因此钾肥的用量不需太多。通常，钾肥与氮肥、磷肥混合施用，氮、磷、钾三种化肥在混合肥料中的比例以 2∶2∶1（按有效成分计算）为佳。

(3) 混合施肥。有机肥料与无机肥料通常交替或混合使用，这样可以取长补短，增强肥效，如将粪肥、厩肥和无机肥料混合在一起加水搅匀泼洒，绿肥与无机肥料混合后放于池角。

3. 池塘施肥的原则

(1) 以有机肥料为主、无机肥料为辅，抓两头、带中间。

1) 有机肥料除了直接作为腐屑食物链供鱼类摄食外，还能培养微生物和浮游生物作为鱼类的饲料，而且容易消化的浮游植物也往往可以在含有大量溶解有机物的水中生长繁殖。因此，有机肥料是培育优良水质的基础。但有机肥料耗氧量大，在高温季节容易恶化水质。所以在精养鱼池中，有机肥料以施基肥为主；作为追肥，也仅仅在水温较低的早春和晚秋应用。这就是渔民所说的"以有机肥料为主""抓两头"的含义。

2) 而在鱼类主要生长季节，水中有效氮随投饲量的增加而逐渐增长，因此没有必要再施含氮量高的无机氮肥或耗氧量大的有机氮肥，而此时水中有效磷却极度缺乏，因此必须及时施用无机磷肥，以增加水中有效磷的含量，调整有效氮和有效磷之间的比例，充分利用精养鱼池内丰富的有效氮，促进浮游植物生长，提高池塘生产力。这就是渔民所说的"以无机肥料（磷肥）为辅""带中间"的含义。

(2) 有机肥料必须发酵腐熟。有机肥料腐熟后，除了能杀灭部分致病菌，有利于卫生和防病外，还可以使大部分有机物通过发酵分解成大量的中间产物，它们的耗氧以氧债形式存在。施追肥时，在晴天中午用全池泼洒的方法施肥，根据有机肥料中的中间产物在分解时具有暴发性耗氧的特点，此时就可以充分利用池水上层的超饱和氧气，及时偿还氧债。这样，既可以加速有机肥料的氧化分解，又降低了有机物在夜间的耗氧量。

（3）追肥要量少次多、少施勤施。在春秋季节，如采用有机肥料作追肥，应选择晴天，在良好的溶氧条件下，采用全池泼洒的方法，少施勤施，避免池水耗氧量突然增加。

（4）巧施磷肥，以磷促氮。磷肥应先溶于水，待溶解后，在晴天中午全池均匀泼洒。通常在5—9月每隔半个月（主要视水质而定）泼洒（或喷洒）一次磷肥，泼洒后的当天不能搅动池水（包括拉网、加水、中午开动增氧机等），以延长水溶性磷肥在水中的悬浮时间，降低塘泥对磷的吸附和固定。通常施用磷肥3~5天后，池中浮游植物量达到高峰。生物量明显增加，氨氮下降，此时应根据水质管理的要求，适当加注新水，防止水色过浓。

上述池塘为精养鱼池，池水中含有大量有效氮。如果是粗养鱼池或瘦水塘，池水有效氮和有效磷均很低，则应同时施用无机氮肥和有机磷肥（以1∶1为宜）。

4. 池塘施肥的注意事项

雨天不要施肥，闷热天气不要施肥，浑水不要施肥，化肥不要单施、干施，肥料不要盲目混施，低温季节不要施肥，摄食不旺或暴发疾病时不要施肥，一次施肥不要过量，施肥后不要放表层水。

4.4 渔　　药

渔药是指用于防治水产养殖动植物及观赏鱼类疾病的一类兽药，有助于水生动植物健康生长，主要限于水产养殖业。在我国，渔药包括微生物类药物、杀虫驱虫类药物、消毒类药物、中草药制剂、调节水生动物代谢或生长的药物、环境改良剂、水产疫苗七大类。渔药具有抑制和杀灭病原体、改良养殖环境和调节水产动物生理功能的作用。在水产养殖生产中，因养殖生产者不了解基础用药知识，不规范用药和滥用药的问题十分严重，不但增加了养殖成本，也给产品质量和环境造成较大影响。因此，要正确选择渔药品种、给药方法和技术，确保无公害生产，提高养殖效益。

4.4.1 常用渔药

水产养殖常用消毒剂、杀虫剂、抗生素的具体种类、剂型、用途、用法与用量、休药期、注意事项见表4-9，常用中草药用途、用法与用量、注意事项见表4-10，常用疫苗见表4-11。表4-9至表4-11用法与用量栏未标明海水鱼类与虾类的均适用于淡水鱼类；mg/L表示溶液的质量浓度，mg/kg表示每千克养殖对象重量对应使用的药量，药量以毫克（mg）为单位；休药期为强制性。

表 4-9　水产养殖常用消毒剂、杀虫剂及抗生素类药物

药名	常用剂型	用途	用法与用量	休药期	注意事项
氧化钙（生石灰）	块状	改善池塘环境，清除敌害生物，预防部分细菌性鱼病	带水清塘：200～250 mg/L（虾类 350～400 mg/L）；全池泼洒：20～25 mg/L（虾类 15～30 mg/L）	—	不能与漂白粉、有机氯、重金属盐、有机络合物混用
漂白粉	粉剂	清塘，改善池塘环境，防治细菌性皮肤病、烂鳃病、出血病	带水清塘：200 mg/L；全池泼洒：1～1.5 mg/L	≥5 天	1. 勿用金属容器盛装 2. 勿与酸、铵盐、生石灰混用
二氯异氰尿酸钠	粉剂	清塘，防治细菌性皮肤溃疡病、烂鳃病、出血病	全池泼洒：0.3～0.6 mg/L	≥10 天	勿用金属容器盛装
三氯异氰尿酸	粉剂	清塘，防治细菌性皮肤溃疡病、烂鳃病、出血病	全池泼洒：0.2～0.5 mg/L	≥10 天	1. 勿用金属容器盛装 2. 针对不同鱼类、pH值等，使用量应适当增减
二氧化氯	粉剂	防治细菌性皮肤病、烂鳃病、出血病	浸浴：20～40 mg/L，5～10分钟；全池泼洒：0.1～0.2 mg/L，严重时 0.3～0.6 mg/L	≥10 天	1. 勿用金属容器盛装 2. 勿与其他消毒剂混用
二溴海因	粉剂	防治细菌和病毒性疾病	全池泼洒：0.2～0.3 mg/L	—	—
氯化钠（食盐）	晶体	防治细菌、真菌或寄生虫疾病	浸浴：1%～3%（质量分数），5～20分钟	—	—
硫酸锌粉	晶体	杀灭或驱除河蟹、虾类等水产养殖动物的固着类纤毛虫	按规格为60%的产品计。治疗：一次量，0.75～1 mg/L水体，每日1次，病情严重时可连用1～2次；预防：0.2～0.3 mg/L水体，每15～20天1次	500 度日	—

续表

药名	常用剂型	用途	用法与用量	休药期	注意事项
硫酸铜（蓝矾，胆矾，石胆）	晶体	治疗纤毛虫、鞭毛虫等寄生性原虫病	浸浴：8 mg/L（海水鱼类 8~10 mg/L），15~30分钟全池泼洒：0.5~0.7 mg/L（海水鱼类 0.7~1 mg/L）	500度日	1. 常与硫酸亚铁合用 2. 广东鲂慎用 3. 勿用金属容器盛装 4. 使用后注意给池塘增氧 5. 不宜用于治疗小瓜虫病
硫酸亚铁（硫酸低铁，绿矾，青矾）	晶体	治疗纤毛虫、鞭毛虫等寄生性原虫病	全池泼洒：0.2 mg/L（与硫酸铜合用）	500度日	1. 治疗寄生性原虫病时常与硫酸铜合用 2. 乌鳢慎用
盐酸氯苯胍粉	晶体粉剂	防治鱼类孢子虫病	拌饲投喂：40 mg/kg，连用3~5天，苗种减半	500度日	1. 搅拌均匀，严格按照推荐剂量使用 2. 斑点叉尾鲴慎用
地克珠利预混剂	粉剂	防治鲤科鱼类粘孢子虫、尾孢虫、四极虫、单极虫等孢子虫病	拌饲投喂：一次量，2~2.5 mg/kg	500度日	1. 拌饲均匀投喂 2. 包装物用后集中销毁 3. 严格按推荐用法、用量使用
阿苯达唑粉	粉剂	治疗海水养殖鱼类由双鳞盘吸虫（鳃部）、贝尼登氏吸虫和淡水养殖鱼类由指环虫、三代虫、粘孢子虫等感染引起的寄生虫病	按规格为6%的产品计。拌饵投喂：一次量，0.2 g/kg，每日1次，连用5~7天	500度日	1. 拌饲均匀投喂 2. 禁止用药量过大 3. 包装物用后集中销毁
甲苯咪唑溶液	液体	治疗鱼类指环虫、三代虫病，伪指环虫等单殖吸虫病	按规格为"100 g : 10 g"的产品计，将本品加2 000倍水稀释均匀后泼洒。青鱼、草鱼、鲢鱼、鳙鱼的单殖吸虫病，1~1.5 mg/L水体；欧洲鳗、美洲鳗的单殖吸虫病，2.5~5 mg/L水体	500度日	1. 叉尾鲴，大口鲶禁用，特殊养殖品种慎用 2. 注意稀释量，均匀泼洒 3. 禁用于养殖贝类、螺类等水体

续表

药名	常用剂型	用途	用法与用量	休药期	注意事项
高锰酸钾（锰酸钾）	晶体	体表消毒，杀灭锚头鳋等	浸浴：10~20 mg/L，15~30 分钟；全池泼洒：4~7 mg/L	—	1. 水中有机物含量高时，药效降低 2. 不宜在强烈阳光下使用
四烷基季铵盐络合碘（季铵盐含量50%）	液体	对病毒、纤毛虫、藻类有杀灭作用	全池泼洒：0.3 mg/L（虾类相同）	—	1. 勿与碱性物质同时使用，勿与阴离子表面活性剂混用 2. 使用后注意池塘增氧 3. 勿用金属容器盛装
聚维酮碘（聚乙烯吡咯烷酮碘、皮维碘、PVP-1，伏碘）（有效碘1.0%）	液体	预防病毒病，如草鱼出血病、传染性造血组织坏死病等	全池泼洒：海、淡水幼鱼、幼虾0.2~0.5 mg/L；海、淡水成鱼、成虾1~2 mg/L；浸浴：草鱼种 30 mg/L，15~20分钟；鱼卵 30~50 mg/L，5~15分钟；鱼卵 25~30 mg/L	500 度日	1. 勿与金属物品接触 2. 勿与季铵盐类消毒剂直接混合使用
硫酸新霉素	粉剂	防治水产动物由气单胞菌、爱德华氏菌、弧菌等引起的肠道疾病	拌饲投喂：鱼、河蟹、青虾 5 mg/kg，每日 1 次，连用 4~6 天	500 度日	—
盐酸多西环素	晶体粉剂	防治鱼类由弧菌、爱德华氏菌、嗜水气单胞菌等引起的细菌性疾病	拌饲投喂：20 mg/kg，每日 1 次，连用 3~5 天	750 度日	1. 均匀拌饲投喂 2. 长期应用可引起二重感染和肝脏损害 3. 包装物用后集中销毁
氟苯尼考	晶体粉剂	防治细菌性败血症、溃疡、肠道病、烂鳃病及虾红体病、蟹腹水病	拌饲投喂：10~15 mg/kg，每日 1 次，连用 3~5 天	375 度日	1. 混拌后的药饵不宜久置 2. 不宜高剂量长期使用

续表

药名	常用剂型	用途	用法与用量	休药期	注意事项
磺胺间甲氧嘧啶钠	晶体粉剂	防治鱼类由气单胞菌、荧光假单胞菌、迟缓爱德华菌、弧菌等引起的细菌性疾病	拌饲投喂：80~160 mg/kg，每日1次，连用4~6天，首次用量加倍	500度日 香鱼、真鲷、鲈鱼，罗非鱼 ≥ 15天，虹鳟、鲱形目≥30天，中国对虾≥10天	1. 患有肝病、肾病的水生动物慎用 2. 为减轻对肾脏毒性，建议与NaHCO₃合用
磺胺间甲氧嘧啶（制菌磺、磺胺-6-甲氧嘧啶）	—	治疗鲤科鱼类的竖鳞病及弧菌病	拌饲投喂：50~100 mg/kg，连用4~6天	≥37天（鳗鲡）	1. 与甲氧苄氨嘧啶（TMP）同用，可产生增效作用 2. 第一天药量加倍
复方磺胺二甲嘧啶粉	晶体粉剂	防治赤皮、肠炎、溃疡等细菌性病	按规格为"250 g；磺胺二甲嘧啶10 g+甲氧苄啶 2 g"的产品计。拌饲投喂：1.5 g/kg，每日2次，连用6天	500度日 鲫≥15天	1. 患有肝病、肾病的水生动物慎用 2. 为减轻对肾脏毒性，建议与NaHCO₃合用
复方磺胺甲噁唑粉（复方新诺明）	晶体粉剂	防治鱼类肠炎、败血症、赤皮、溃疡等细菌性疾病	按规格为"100 g；磺胺甲噁唑8.33 g+甲氧苄啶1.67 g"的产品计。拌饲投喂：0.45~0.6 g/kg，每日2次，连用5~7天，首次用量加倍	500度日 香鱼、鲤鱼、罗非鱼、鲈鱼≥10天，中国对虾≥15天	1. 患有肝病、肾病的水生动物慎用 2. 为减轻对肾脏毒性，建议与NaHCO₃合用 3. 鳗鱼不宜使用本品
磺胺甲噁唑（新诺明、新明磺）	—	治疗鲤科鱼类的肠炎病	拌饲投喂：100 mg/kg，连用5~7天	≥30天	1. 不能与酸性药物同用 2. 与甲氧苄氨嘧啶（TMP）同用，可产生增效作用 3. 第一天药量加倍

续表

药名	常用剂型	用途	用法与用量	休药期	注意事项
恩诺沙星	晶体粉剂	防治细菌性败血症、烂鳃病、打印病、肠炎病、爱德华氏菌病、疖疮病	拌饲投喂：鱼、蛙 15~20 mg/kg，鳖 20~30 mg/kg，每日1次，连用3~5天	500度日 水温≥18℃，鲤鱼10天 水温10℃~18℃，鲤鱼20天	1. 避免与含阳性离子（Al^{3+}、Mg^{2+}、Ca^{2+}、Fe^{2+}、Zn^{2+}）的物质同时内服 2. 避免与四环素、利福平、甲砜霉素、氟苯尼考等有拮抗作用的药物配伍
噁喹酸	晶体粉剂	治疗细菌性肠炎病、赤鳍病、香鱼、对虾弧菌病、鲈鱼结节病、鲤鱼疖疮病	拌饲投喂：10~30 mg/kg，连用5~7天（海水鱼类 1~20 mg/kg；对虾 6~60 mg/kg，连用5天）	≥25天（鳗鲡） ≥21天（鲤鱼、香鱼） ≥16天（其他鱼类）	用药量视不同的疾病有所增减
土霉素	—	治疗肠炎病、弧菌病	拌饲投喂：50~80 mg/kg，连用4~6天（海水鱼类相同，虾类：50~80 mg/kg，连用5~10天）	≥30天（鳗鲡） ≥21天（鲶鱼）	勿与铝、镁离子及卤素、碳酸氢钠、凝胶合用
磺胺嘧啶（磺胺嘧啶）	—	治疗鲤科鱼类的赤皮病、肠炎病、海水鱼链球菌病	拌饲投喂：100 mg/kg，连用5天（海水鱼类相同）	—	1. 与甲氧苄氨嘧啶（TMP）同用，可产生增效作用 2. 第一天药量加倍

表 4-10　　　　　　　　　　　　水产养殖常用中草药

药名	用途	用法与用量	注意事项
大蒜	抗菌、抗真菌、杀灭某些原虫，健胃助消化，防治细菌性肠炎病、烂鳃病、草鱼出血病、竖鳞病等	拌饲投喂：10～30 g/kg，连用4～6天（海水鱼类相同）	—
大蒜素粉（含大蒜10%）	防治细菌性肠炎等	0.2 g/kg，连用4～6天（海水鱼类相同）	—
大黄	防治细菌性肠炎、烂鳃病等	全池泼洒：2.5～4 mg/L（海水鱼类相同） 拌饲投喂：5～10 g/kg，连用4～6天（海水鱼类相同）	拌饲投喂时，常与黄芩、黄柏合用（三者比例为5:2:3）
黄芩	防治细菌性肠炎、烂鳃、赤皮、出血病等	拌饲投喂：2～4 g/kg，连用4～6天（海水鱼类相同）	拌饲投喂时，常与大黄、黄柏合用（三者比例为2:5:3）
黄柏	防治细菌性肠炎、出血病等	拌饲投喂：3～6 g/kg，连用4～6天（海水鱼类相同）	拌饲投喂时，常与大黄、黄芩合用（三者比例为3:5:2）
五倍子	对皮肤、黏膜、溃疡等有良好的收敛作用，防治细菌性烂鳃、赤皮、白皮、疖疮病等	全池泼洒：2～4 mg/L（海水鱼类相同）	—
穿心莲	清热解毒、消肿止痛、抑菌，防治肠炎、出血、烂鳃病等	全池泼洒：15～20 mg/L 拌饲投喂：10～20 g/kg，连用4～6天	内服常与食盐合用（两者比例为10:1）
苦参	抗菌、消毒，防治细菌性肠炎、竖鳞病等	全池泼洒：1～1.5 mg/L 拌饲投喂：1～2 g/kg，连用4～6天	—
大青叶	抗菌、抗病毒	全池泼洒：30～50 mg/L	—
乌桕叶	抗菌、杀虫、导泻、消除腹水，防治烂鳃、肠炎、水霉病等	全池泼洒：3～4 mg/L 拌饲投喂：5 g/kg	全池泼洒时，常用0.3%石灰水提效
辣蓼	解毒、消肿、抑菌杀虫，防治烂鳃、肠炎、水霉病等	全池泼洒：10 mg/L 拌饲投喂：5～10 g/kg，连用3～6天	全池泼洒时，常与5 mg/L食盐混合使用

续表

药名	用途	用法与用量	注意事项
铁苋菜	清热解毒、止血、抑菌，治疗青鱼、草鱼肠炎病	拌饲投喂：5 g/kg，每日1次，连用3天	与枫香树叶合用（3∶1）；也可与地锦草、辣蓼复方连服3天
地锦草	止血、解毒、抑菌，防治青鱼、草鱼烂鳃病、肠炎病等	全池泼洒：2.5~5 mg/L 拌饲投喂：5 g/kg，每日2次，连用3天	—
板蓝根	解毒、抗菌，治疗草鱼出血病、细菌病等	拌饲投喂：25 g/kg，每日1次，连续5~7天	与穿心莲、食盐合用（三者比例为5∶3∶1）
菖蒲	解毒、抗菌，治疗肠炎病水霉病等	全池泼洒：3~5 mg/L	常与1.2 mg/L食盐，2.5 mg/L人尿混合使用
水花生	清热解毒，治疗草鱼出血病、细菌病等	拌饲投喂：500 g/kg，每日一次，连续4~7天	与食盐合用（两者比例为20∶1）
艾叶	散寒、抑菌，防治竖鳞病、赤皮病等	拌饲投喂：25 g/kg，每日1次，连续5~7天	遍洒时，通常与2.3 mg/L生石灰合用
巴豆	抗菌、抗病毒，用于杀灭虫、螺等敌害生物	全池泼洒：3~5 mg/L	清塘时使用

表 4-11　　水产养殖常用疫苗

疫苗名称	用途
鱼嗜水气单胞菌败血症灭活疫苗	预防淡水鱼类的细菌性败血症
草鱼出血病灭活疫苗	预防由鱼呼肠孤病毒引起的草鱼出血病
鱼虹彩病毒病灭活疫苗	预防鱼虹彩病毒引起的疾病
牙鲆鱼溶藻弧菌、鳗弧菌、迟缓爱德华病多联抗独特型抗体疫苗	预防牙鲆由溶藻弧菌、鳗弧菌、迟缓爱德华菌引起的疾病
鰤鱼格氏乳球菌灭活疫苗（BY1株）	预防鰤鱼格氏乳球菌引起的疾病

4.4.2　渔药的使用基本原则

1. 渔药的使用应以不危害人类健康和不破坏水域生态环境为基本原则，优先使用自然降解较快、高效低毒、低残留的渔药。

2. 水生动植物养殖过程中对病害的防控，应坚持"以防为主，防治结合"的原则。

3. 渔药的使用应严格遵循国家和有关部门的相关规定，严禁生产、销售和使用未经取得生产许可证、批准文号与没有生产执行标准的药物。

4. 积极鼓励研制、生产和使用"三效"（高效、速效、长效）、"三小"（毒性小、副作用小、用量小）的渔药，提倡使用水产专用药物、生物源渔药和渔用生物制品。

5. 应在水产养殖病害防治专业技术人员指导下合理使用渔药，避免滥用渔药、盲目增大用药量、增加用药次数等；禁止直接向养殖水体中泼洒抗生素。

6. 严格遵守休药期制度，食用鱼上市前，应符合《无公害食品 水产品渔药残留限量》（NY 5070—2002）及农业部 235 公告附件 2《动物性食品中兽药最高残留限量规定》的要求。

7. 水产饲料中药物的添加应符合《无公害食品 渔用配合饲料安全限量》（NY 5072—2002）要求，不得选用禁止使用的药物或添加剂，也不得在饲料中长期添加抗菌药物。

8. 认真做好用药记录，及时填写"水产养殖动物药物预防和治疗记录表"（见表4-12），并保存两年。

表 4-12　　　　　某养殖场水产养殖动物药物预防和治疗记录表

序号				
时间				
池号				
药物名称				
用药方法及浓度				
药物的生产企业				
产品的批准文号				
生产日期、批号				
发病规格				
病害发生情况				
主要症状				
处方人				
施药人员				
备注				

4.4.3　渔药的使用方法

科学、合理使用渔药是控制疾病、保障水产品质量的关键之一，针对不同药物和疾病有不同的使用方法，具体见表4-13。

表 4—13　　　　　　　　　　渔药的使用方法

方法	说明
泼洒法	泼洒法又称全池遍洒法，是采用对某些病原体有较大的杀灭效果，而对鱼、虾类等养殖对象安全的药物，以一定的浓度均匀地泼洒在养殖水体中的一种方法。使用该法时必须正确计算用药量
悬挂法	悬挂法又称挂篓（袋）法，即将药物装在有微孔的容器或布袋中，悬挂于食物周围或养殖对象常出没的地方，利用养殖对象到食场摄食或生存活动的习性达到给药的目的
浸浴法	浸浴法又称浸洗法，将养殖对象集中在较小的容器或水体内，配制较高浓度的药液，在较短时间内强制受药，以杀死其体表和鳃上的病原体
浸沤法	将采集到的中草药扎成捆，投放在养殖池塘的食场附近或池塘进水口、上风处等位置浸沤，利用浸沤出的有效成分扩散到养殖池塘中，抑制或杀死水中及养殖对象体表、鳃上的病原体
涂抹法	涂抹法又称涂擦法，捕起患病养殖对象，用湿纱布或毛巾将养殖对象包裹住，然后直接将药液滴在病灶处或用棉花蘸药液涂抹，以杀死病原生物或防止伤口被感染
内服法	将药物均匀地混合到饲料中，制成适口的药饵后投喂。给药的剂量一般根据养殖种类及其体重计算，也有按投喂饲料的重量计算
灌服法	灌服法是一种强制性内服法，该法是将养殖对象麻醉，然后用橡胶导管把调制好的药液灌入胃或肠，灌毕将其放置于盛有清水的容器中暂养，直至病愈或视病情进行第二次灌药。此法一般只适用于少量的大型养殖对象
注射法	注射法主要有肌内注射和腹腔注射两种

4.4.4　禁用渔药

严禁使用高毒、高残留或具有三致（致癌、致畸、致突变）毒性的渔药。严禁使用对水域环境有严重破坏且难以修复的渔药，严禁直接向养殖水域泼洒抗菌素，严禁将新近开发的人用新药作为渔药的主要或次要成分。禁用渔药见表 4-14。

表 4-14　　　　　　　　　　禁用渔药

序号	药物名称（别名）	序号	药物名称（别名）
1	地虫硫磷（大风雷）	8	醋酸汞
2	六六六 BHC（HCH）	9	呋喃丹（克百威、大扶农）
3	林丹（丙体六六六）	10	杀虫脒（克死螨）
4	毒杀芬（氯化莰烯）	11	双甲脒（二甲苯胺脒）
5	滴滴涕（DDT）	12	氟氯氰菊酯（百树菊酯、百树得）
6	甘汞	13	氟氰戊菊酯（保好江乌氟氰菊酯）
7	硝酸亚汞	14	五氯酚钠

续表

序号	药物名称（别名）	序号	药物名称（别名）
15	孔雀石绿（碱性绿、盐基块绿、孔雀绿）	26	泰乐菌素
16	锥虫胂胺	27	环丙沙星（环丙氟哌酸）
17	酒石酸锑钾	28	阿伏帕星
18	磺胺噻唑（消治龙）	29	喹乙醇（喹酰胺醇羟乙喹氧）
19	磺胺脒（磺胺胍）	30	速达肥（苯硫哒唑氨甲基甲酯）
20	呋喃西林（呋喃新）	31	己烯雌酚，包括雌二醇等其他类似合成等雌性激素（乙烯雌酚、人造求偶素）
21	呋喃唑酮（痢特灵）	32	甲基睾丸酮，包括丙酸睾丸素、去氢甲睾酮以及同化物等雄性激素（甲睾酮甲基睾酮）
22	呋喃那斯（P-7138，实验名）	33	洛美沙星，包括其盐、酯及制剂
23	氯霉素，包括其盐、酯及制剂	34	培氟沙星（培氟哌酸），包括其盐、酯及制剂
24	红霉素	35	氧氟沙星（氧氟多沙、菲宁达），包括其盐、酯及制剂
25	杆菌肽锌（枯草菌肽）	36	诺氟沙星（氟哌酸），包括其盐、酯及制剂

4.5 微生物制剂

随着我国水产养殖集约化的蓬勃发展，养殖水环境污染日益严重，环境恶化造成的水生动物疾病或由此引发的传染性疾病剧增，制约了水产养殖业的健康发展。针对这种状况，目前采取的措施之一是生物法，即利用有益微生物在水体吸收氨氮、亚硝酸氮、硫化氢等，有效分解大分子有机物，同时抑制致病菌的大量繁殖，这是一种治本的环境处理方法，也是推行绿色养殖的有效措施。

4.5.1 微生物制剂的种类

按制品剂型可分为液体型和固体型。
按制品所含有效微生物种类的不同可分为单一有效菌剂和多菌复合菌剂。
按制品使用目的可分饲料添加剂型和药用型。

按微生物的菌种类型可分为乳酸菌类制剂、芽孢杆菌类制剂、酵母菌类制剂。

4.5.2 常用菌及作用

1. 光合细菌

光合细菌是一类能进行光合作用的原核生物，其特点是菌体内含有光合色素，可在厌氧、光照条件下进行光合作用，利用太阳光获得能量，但不产生氧气。其在养殖水体内，可利用硫化氢或小分子有机物作为供氢体，同时也能将小分子有机物作为碳源加以利用，以氨盐、氨基酸等作为氮源利用。因此，将其施放在养殖水体后可迅速消除氨氮、硫化氢、有机酸等有害物质，改善水体，稳定水质，平衡水体pH值。但光合细菌无法分解、利用进入养殖水体的大分子有机物（如残饵、排泄物、浮游生物残体等）。

2. 芽孢杆菌

芽孢杆菌为革兰氏阳性菌，是一类好气性细菌。该菌无毒性，能分泌蛋白酶等多种酶类和抗生素。在水产养殖上运用的主要是枯草芽孢杆菌，呈杆状，宽度为 $0.5\sim0.8~\mu m$，长度为 $1.6\sim4.0~\mu m$，利用芽孢繁殖，芽孢位于菌体中央，由于其芽孢繁殖的特性，芽孢对高温、干燥、化学物质有强大的抵抗性，因此，十分便于生产、加工及保存。枯草芽孢杆菌菌群进入养殖水体后，能分泌丰富的胞外酶系，及时降解水体有机物，如排泄物、残饵、浮游生物残体、有机碎屑等，使之矿化成单细胞藻类生长所需的营养盐类，避免有机废物在池中的累积；同时有效减少池塘内的有机物耗氧，间接增加水体溶解氧，保证有机物氧化、氨化、硝化、反硝化的正常循环，保持良好水质，从而净化水质。此外，枯草芽孢杆菌在代谢过程中可以产生一种具有抑制或杀死其他微生物的枯草杆菌素，此种抗生素为一种多肽类物质，可降低养殖池底沉积物中发光弧菌的比例，抑制水体中致病菌的繁殖。

3. 硝化细菌

硝化细菌是指将氨或亚硝酸盐作为主要生存能源，将二氧化碳作为主要碳源的一类细菌，为化能自养菌，专性好氧，是降解水体中氨和亚硝酸盐的主要细菌之一。硝化细菌可分为亚硝化细菌和硝化细菌两大类群。硝化细菌是一种好氧菌，在水体中硝化细菌有两个属。其中一个属是把氨氧化成亚硝酸盐，从而获得能量，另一个属则是把亚硝酸盐氧化成硝酸盐而获得能量。在pH值、温度较高的情况下，分子氨和亚硝酸盐对水生生物的毒性较强，而硝酸盐对水生生物无毒害，从而达到净化水质的目的。由于亚硝化菌的生长速度比较快且光合细菌也具有降解氨氮的作用，现代水产养殖已能成功地将氨氮控制在较低的水平。而对于亚硝酸盐积累问题的处理，一直是一个难题，由于自然界中的硝化细菌生长极慢（1个繁殖周期约为20小时），且还没有发现有其他的微生物可代替硝化细菌的功能，当水体内没有足量的硝化细菌存在时就限制了亚硝酸盐的降解，尤其在高密度养殖池塘，水生动物普遍发生"亚硝酸盐中毒症"，亚硝酸盐成为阻碍养殖发展的障碍之一。

4. EM菌

EM菌为一类有效微生物菌群，EM菌是采用适当的比例和独特的发酵工艺将筛选出来的有益微生物混合培养，形成复合的微生物群落，并形成有益物质及其分泌物质，通过共生增殖关系组成复杂而又相对稳定的微生态系统。EM菌由光合细菌、乳酸菌、酵母菌等有益菌种复合培养而成。EM菌中的有益微生物经固氮、光合等一系列分解、合成作用，可使水中的有机物质形成各种营养元素，供自身及水生物生长繁殖，同时增加水中的溶解氧，降低氨、硫化氢等有毒物质的含量，提高水质。

5. 酵母菌

酵母菌为真核生物，在有氧条件下，酵母菌将溶于水中的糖类（单糖和双糖）、有机酸作为酵母菌所需的碳源，供合成新的原生质及酵母菌生命活动能量。酵母菌可将糖类分解，可完全氧化为二氧化碳和水。在缺氧条件下，酵母菌利用糖类（单糖和双糖）作为碳源，进行发酵和繁殖酵母菌体。因此，酵母菌能有效分解溶于池水中的糖类，迅速降低水中生物耗氧量，在池内繁殖出来的酵母菌又可作为鱼虾的蛋白饲料。

6. 放线菌

目前在水产上应用的主要是嗜热性放线菌，对于养殖水体中的氨氮降解、增加溶氧、稳定pH值等均有较好效果，在甲鱼养殖温棚内应用效果更佳。

7. 蛭弧菌

蛭弧菌是寄生在某些细菌上并导致其裂解的一类细菌，目前国内应用比较普遍的是嗜水气单胞菌蛭弧菌，将其泼洒到养殖水体后，可迅速裂解养殖水体主要的条件致病菌——嗜水气单胞菌，减少水体致病微生物数量，防止或减少鱼、虾、蟹病害的发展和蔓延，同时对于氨氮等有一定的降解作用，可改善水产动物体内外环境，促进其生长，增强免疫力。

4.5.3 微生物制剂的使用方法及注意事项

1. 光合细菌

光合细菌的活菌形态微细、相对密度小，若采用直接泼洒至养殖水体的方法，其活菌不易沉降到池塘底部，无法起良好的改善底环境的效果。因此，建议全池泼洒光合细菌时，尽量将其与沸石粉一起应用，这样既能将活菌迅速沉降到底部，同时也可起吸附氨的效果。

（1）适时使用。使用光合细菌的适宜水温为 15~40℃，最适水温为 28~36℃，注意阴雨天勿用。

（2）光合细菌与肥料混合应用效果明显，并可防止藻类老化造成的水质变坏。

（3）视水质实际状况决定应用方法。水肥时施用光合细菌可促进有机污染物的转化，避免有害物质积累，改善水体环境，培育天然饲料，保证水体溶氧量。水瘦时应先施肥再使用光合细菌，这样有利于保持光合细菌在水体中的活力和繁殖优势，降低使用成本。此外，酸性水体不利于光合细菌的生长，应先施用生石灰，间隔 3~4 天，调节 pH 值后再使用光合细菌。

（4）避免与消毒杀菌剂混合使用，因为作为活菌，药物对它有杀灭作用，水体消毒后必须经 5 天方可使用，以使光合细菌在水体中产生优势竞争性，抑制有害菌生长。

光合细菌质量的简单辨别方法：将光合细菌稀释 1 倍后，测定稀释液的 OD 值，当波长在 660 nm 时，其 OD 值若大于 0.8，基本可判定其活菌数量在 10^9 cfu/mL。

2. 枯草芽孢杆菌

该菌为好气性细菌，当养殖水体溶氧量高时，其繁殖速度加快，分解大分子有机物的效率提高。因此，在泼洒该菌的同时，尽量同时开动增氧机，以使其在水体繁殖，迅速形成种群优势。

使用芽孢杆菌前活化工作为必需的措施，活化方法通常为采用本池水加上少量的红糖或蜂蜜，浸泡 4~5 小时后即可泼洒，这样可最大限度提高芽孢杆菌的使用效率。作为有益微生物，芽孢杆菌同样要避免与消毒剂同时应用于池塘，以免丧失效价。

通常可采用镜检的方法鉴别芽孢杆菌，若其产品的芽孢出现率低于 50%，则说明其净水效率较低，同时也可采用选择性培养基进行平板培养计数，以准确了解产品质量。

3. 硝化细菌

由于硝化细菌的生物特性与其他活菌不同，使用时不需要经过活化处理，不需要用葡萄糖、红糖等来扩大培养，使用时只需用池塘水溶解泼洒即可。

硝化细菌的特性是繁殖速度较慢，所以投放硝化细菌后，一般需 4~5 天后才可见明显效果，因此可考虑提前投放。同时为了更好地提高硝化细菌作用效率，在实际应用中，若芽孢杆菌或光合细菌与其一起应用的话，硝化细菌应提前数日运用，避免繁殖速度快的活菌竞争空间。

硝化细菌不可与化学增氧剂（如过碳酸钠或过氧化钙）同时使用，因为这些物质在水体中分解出的氧化性较强的氧原子会杀死硝化细菌，所以最好错开使用。

由于硝化细菌附着在无机物上，在高位池中采用的中间排污，会排走大量的硝化细菌。特别是刚投放的前几天，硝化细菌的繁殖尚未进入高峰期，这时排污会使硝化细菌作用不明显。因此，在高位池中，最好在使用硝化细菌后 4~5 天内基本不排水或少排水。在投放硝化细菌时，如结合质量较好的沸石粉同时泼洒，使之快速沉于水底而不易被排走，则效果更佳。

养殖池塘的 pH 值、溶解氧与硝化细菌的使用效果有较大的关系，硝化细菌对 pH 值的适应范围为 5~10，但在低于 7 或高于 8.5 的水体中，硝化细菌的繁殖会受到一定的影响，最适宜 pH 值范围为 7.8~8.2，同时硝化细菌在将氨氮转变成亚硝酸盐进而转变成硝酸盐的过程，是一个耗氧过程，但其是微需氧，水体中溶氧量质量浓度只要不低于 2 mg/L 即可。

纯化硝化细菌的保存及包装工艺是决定其使用效率及保存期限的关键。

4. 侧孢芽孢杆菌

本品分泌的胞外物质可直接触杀蓝藻细胞，促进浮游植物的微观生物活性，可吸收和转化养殖水体中的氨氮、亚硝酸氮、硫化氢等有害物质，间接增加水体中的溶氧量，可与蓝藻在水体中对有机、氮、磷等营养物形成有效竞争，并与蓝藻展开对光能的竞争，从而起抑制蓝藻生长繁殖的效果。使用方法是将本品溶解形成悬浊液后，全池均匀泼洒，每袋（500 g）本品可用于 2~3 亩 1 m 深的水体。

技能要求

苗种质量判断

操作准备

白瓷盆、水、鱼苗。

操作步骤

步骤 1　鱼苗放入有水的白瓷盆。

步骤 2　观察鱼苗体表是否洁净。

步骤 3　用手指把盆中水打成漩涡，观察鱼苗游泳状况。

步骤 4　用口吹水面，看鱼苗是否逆水游泳。

施有机肥料（作为追肥）

操作准备

池塘（或模拟）、有机肥料（任选）、米尺（100 m）、铁锹、塑料桶、称量工具。

操作步骤

步骤1　测量并计算池塘面积（米尺的使用）。

步骤2　按照 50~100 kg/亩，计算并称取有机肥。

步骤3　将肥料放于桶内，将肥料遍洒池中。

注意事项

1. 肥料需加水稀释后泼洒。

2. 泼洒时绕池边徐徐洒入。

用光合细菌改良水质

操作准备

一定面积的水体（或模拟）、干肥泥（沸石粉）、光合细菌、称量工具、塑料桶、水瓢。

操作步骤

步骤1　测量并计算水体面积。

步骤2　按 5 kg/亩的量，计算并称取光合细菌。

步骤3　将菌液用塘水稀释后均匀地全池泼洒或混合精细干肥泥均匀洒于池塘。

注意事项

1. 泼洒前应将菌液摇匀。

2. 应注意水体 pH 值，酸性水体不利于光合细菌生长。

本章测试题

一、**判断题**（将判断结果填入括号中。正确的填"√"，错误的填"×"）

1. 池塘放养苗种可从任何育苗场引进。　　　　　　　　　　　　　　（　　）

2. 浮萍、豆粕和鱼粉为植物性饲料。　　　　　　　　　　　　　　　（　　）

3. 根据不同鱼种、不同发育阶段，将各种成分的原料按比例配合、加工而成的饲料为配合饲料。　　　　　　　　　　　　　　　　　　　　　　　　　　（　　）

4. 饲料系数又称投喂系数。　　　　　　　　　　　　　　　　　　　（　　）

5. 在水产养殖中，以改善水质为目的时，可将微生态制剂直接洒于水中。

（　　）

6. 兽药所含成分的种类、名称与兽药国家标准不符合的属于假兽药。（　　）

7. 无机肥又称氮肥。（　　）

8. 有机肥和无机肥通常交替或混合使用，可以取长补短，增强肥效。（　　）

9. 最后停止给药日至水产品作为食品上市出售的最短时间即为休药期。（　　）

10. 孔雀石绿是违禁药物。（　　）

二、单项选择题（选择一个正确的答案，将相应的字母填入题内的括号中）

1. 养鱼的肥料可以分为（　　）两大类。
   A. 无机肥和氮肥　　B. 有机肥和绿肥　　C. 无机肥和有机肥　　D. 绿肥和氮肥

2. （　　）不能作为基肥。
   A. 粪肥　　　　　　B. 厩肥　　　　　　C. 氨水　　　　　　D. 绿肥

3. 在渔业生产上，通常将鱼类食料归纳为天然饲料和（　　）。
   A. 人工饲料　　　　B. 颗粒饲料　　　　C. 粉状饲料　　　　D. 饼类饲料

4. （　　）属于植物性饲料。
   A. 蚕蛹　　　　　　B. 鱼粉　　　　　　C. 颗粒饲料　　　　D. 青饲料

5. （　　）属于动物性饲料。
   A. 鱼粉　　　　　　B. 豆粕　　　　　　C. 茶籽粕　　　　　D. 以上都不是

6. 根据不同鱼种、不同发育阶段，将各种成分的原料按比例配合、加工而成的饲料是（　　）。
   A. 动物性饲料　　　B. 自然饲料　　　　C. 天然饲料　　　　D. 配合饲料

7. 颗粒饲料可分为硬颗粒饲料、软颗粒饲料和（　　）。
   A. 青饲料　　　　　B. 精饲料　　　　　C. 粉状饲料　　　　D. 膨化饲料

8. 关于微生物制剂的描述，错误的是（　　）。
   A. 可以长期使用　　　　　　　　　　　B. 可以与抗生素一起使用
   C. 对保存条件有要求　　　　　　　　　D. 可净化水质

9. 根据微生态制剂所含有效微生物种类的不同，可划分为单一有效菌剂和（　　）。
   A. 芽孢有效菌剂　　　　　　　　　　　B. 光合菌剂
   C. 多菌复合菌剂　　　　　　　　　　　D. 乳酸杆菌有效菌剂

10. 全池遍洒法实际就是（　　）。
    A. 泼洒法　　　　　B. 悬挂法　　　　　C. 浸浴法　　　　　D. 内服法

本章测试题参考答案

一、判断题

1. ×　2. ×　3. √　4. ×　5. √　6. √　7. ×　8. √　9. √　10. √

二、单项选择题

1. C　2. C　3. A　4. D　5. A　6. D　7. D　8. B　9. C　10. A

第 5 章

养殖水产品质量溯源

5.1 水产养殖档案建设 /106
5.2 水产监管员 /110
5.3 水产品质量安全监管 /111

水产监管

 学习目标

- ◆ 了解水产养殖档案渔业建设发展历程
- ◆ 了解水产养殖档案渔业目前存在的问题
- ◆ 熟悉水产养殖档案管理系统内容
- ◆ 掌握水产监管员的管理范围和职责
- ◆ 了解我国水产品质量安全监管的相关法律法规

 知识要求

为让市民吃到优质、安全的水产品，保障养殖水产品质量安全，同时转变渔业的经济增长方式，积极探索绿色生产方式，推进水产健康养殖，确保渔（农）民增收、渔业增效，使渔业科技服务从"数量型渔业"向"质量效益型渔业"转变，必须以绿色发展的目标指导渔业生产管理工作，为渔业的产业发展提供技术支撑，保证水产品质量安全，档案渔业（水产养殖）工作是其中的重要环节。本章以上海市为例介绍水产养殖档案相关情况。

5.1 水产养殖档案建设

上海市水产养殖档案管理主要是对上海市水产养殖户的养殖生产全过程建立信息库，对信息进行数字化监控，做到有据可循、有案可查。完善监管体系，规范养殖户的养殖管理，从源头保障水产品的质量安全，同时提升上海水产养殖信息化管理水平。

5.1.1 水产养殖档案建设发展历程

根据《水产养殖质量安全管理规定》（农业部令〔2003〕第31号）、上海市水产办公室关于《推进本市档案渔业（水产养殖）建设实施意见》（沪水产办〔2004〕093号）的要求，上海市从2003年开始在各区开展水产养殖档案工作，上海市于2009年建成了水产养殖档案三级网络管理体系，并实现常态化管理，完成了全市持有养殖证的水产养殖户档案管理，部分区已将无养殖证的水产养殖户也纳入水产养殖档案管理；2010年开始在四个区开展村级（含村级单位，下同）水产养殖档案网络建设试点和扩大试点工作，以购买服务的形式建立了村级监管员队伍，指导和监督养殖户建立完整的水产养殖档案，传递生产、市场和鱼病防治信息，形成了市、区、镇、村四级水产品质量安全监管网络，解决了水产品质量安全监管"最后一公里"问题。

通过试点和扩大试点，村级网络监管已取得了初步成效，主要表现为：一是水产品质量安全监管工作得到了有效延伸和扩展，原先水产品质量安全监管"最后一公里"得到了补充和衔接；二是在监管网络内，水产养殖户的质量安全意识得到普遍提高；三是促进了养殖生产日志的记录工作；四是监管网络内的养殖户积极配合渔政人员开展药残抽检和采样，完善了基础数据库信息。

5.1.2 水产养殖档案目前存在的问题

总结水产养殖档案管理工作，还存在一些不足，主要表现在原始数据采集不完善，记录不及时，数据不准确，养殖生产日志不真实、不完整，养殖户对养殖生产日志的重要性认识不够，不能按时记录，随意填写的现象时有发生。同时存在不少养殖户年龄偏大、文化程度偏低的问题，也给水产养殖档案工作的开展带来了一定的困难。

5.1.3 水产养殖档案建设路线

水产养殖档案管理系统从 2003 年开始至今，已经历过两次转型。第一版为市、区、乡镇三级网络，技术路线图如图 5-1 所示。此后，由于大区的养殖面积大，乡镇水产专管

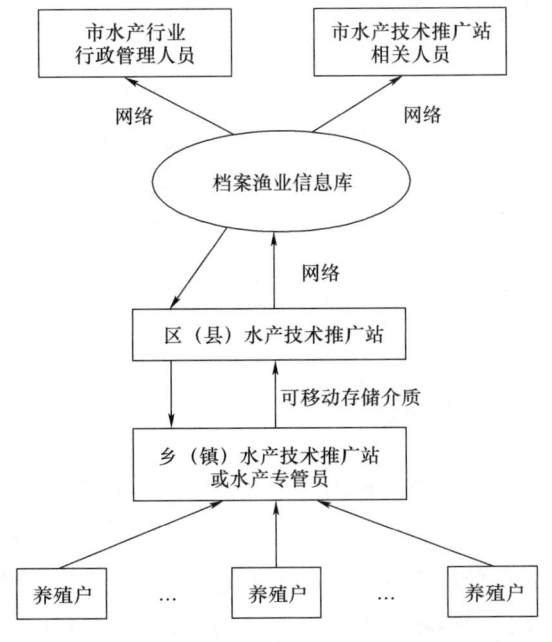

图 5-1 第一版水产养殖档案管理系统技术路线图

员人手少,且身兼数职(渔政),专管员的年龄偏大、文化水平低,要管好整个乡镇的水产养殖档案难度较大。第二版在完善市、区、乡镇三级水产养殖档案管理网络的同时,加入了村级,变成四级水产养殖档案网络,技术路线图如图5-2所示。

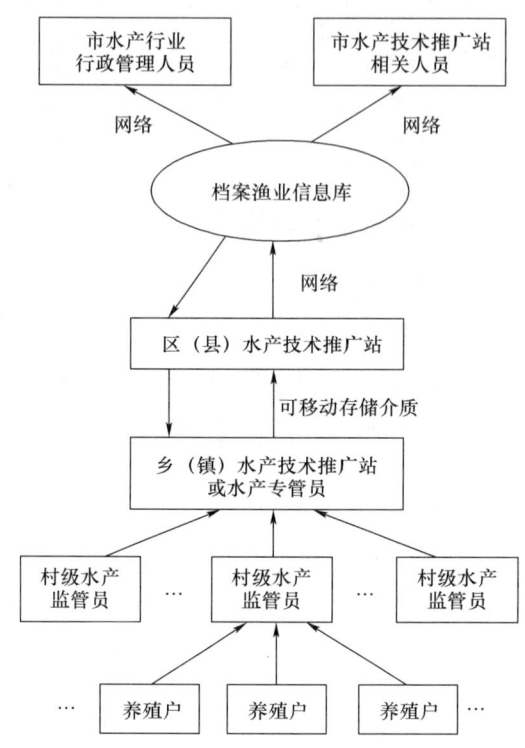

图5-2 第二版水产养殖档案管理系统技术路线图

由于这两个版本都是单机版,随着网络技术的发展,计算机系统的更新,单机版系统安装和使用出现了越来越多的问题,为了方便各区、乡镇使用,上海市水产研究所(上海市水产技术推广站)开发了一套网页版水产养殖档案管理系统,即为第三版系统,系统录入、查询、统计更方便快捷,技术路线图如图5-3所示。

5.1.4 水产养殖档案管理系统

水产养殖档案管理系统是一个集录入、查询、统计等功能于一体的网络管理系统,通过该系统,各乡镇水产专管员将辖区内各养殖场、养殖户、养殖池塘、放养/起捕、投入品等信息上传,上海市水产研究所可将各区水产技术推广站和乡镇纳入水产养殖档案管理的养殖户的养殖许可证号、水产品苗种的放养种类及数量、饲料投喂、生产过程中药物使用的种类及数量、产品的收获及销售等情况加以汇总,建立信息库。市级、区级、乡镇级

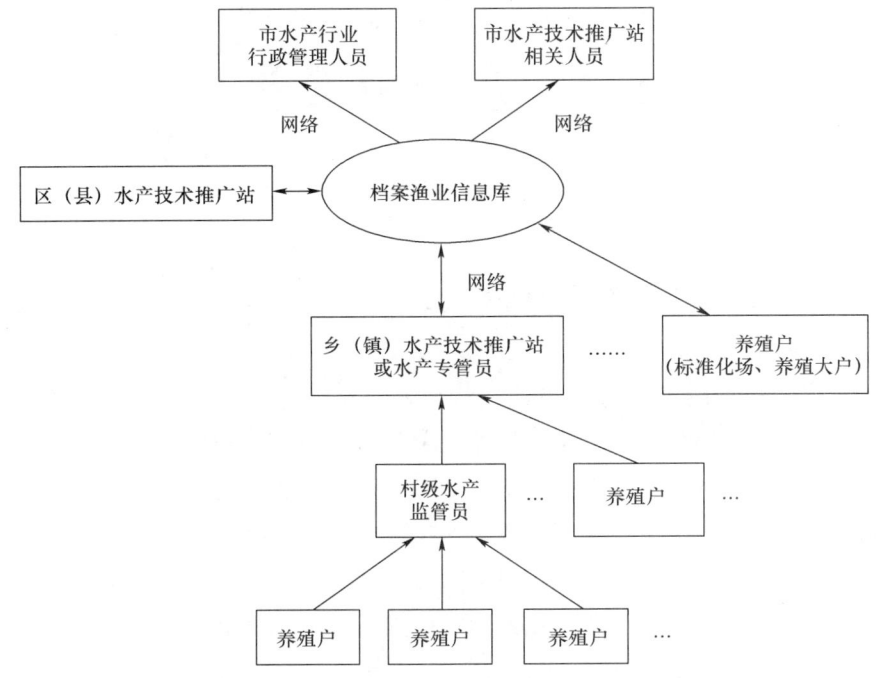

图 5-3　第三版水产养殖档案管理系统技术路线图

账号均可在系统上查询和汇总各辖区内水产养殖信息。

通过该系统，政府行政部门及时了解全市的水产养殖现状，加强对水产品养殖全过程的监控，及时采取措施，适时加以指导，保证水产品质量，增强产品市场竞争力。

以"上海市水产养殖档案管理系统"为例，介绍水产养殖档案管理系统的构成。系统分为基础数据管理、系统管理、养殖管理及养殖过程管理，详细的功能描述如图 5-4 所示。

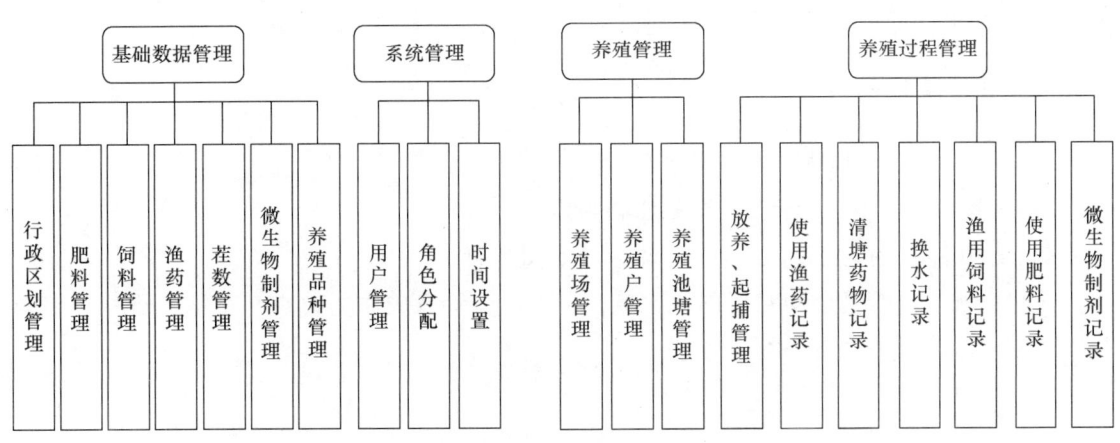

图 5-4　水产养殖档案管理系统功能划分

5.2 水产监管员

5.2.1 管理职责

1. 建立村级安全监管制度和监管措施,负责监管区域内的水产养殖档案工作,及时了解和掌握监管面积内的养殖生产情况。

2. 积极配合上级部门做好各类培训工作,大力宣传党和国家关于农产品质量安全监管工作的政策、法规和措施,以及无公害水产养殖技术、安全监管知识,不断提高广大养殖户和村民生产农产品的质量安全意识。

3. 督促、指导养殖户正确填写水产养殖档案记录本,并确保数据的及时性、完整性、正确性,并每月上报乡(镇)水产专管部门。

4. 指导、引导养殖户使用健康苗种、优质饲料、绿色渔药,确保水产养殖安全生产的每一环节。

5. 做好水产养殖常规水质检测,做好病害发生、防治的记录。

6. 帮助、指导养殖户签订"安全使用渔药承诺书",协助养殖户做好水质检测和水产品质量安全的抽样、送检工作。

7. 对兜售、使用违禁药物的现象加以制止并及时上报。

8. 每月向乡(镇)水产专管部门上报一条信息(生产、市场、病害防治等方面,100~200字)。

9. 做好水产养殖档案管理及安全监管方面的其他工作。

5.2.2 任职条件

1. 具有一定水产养殖专业知识或经验。

2. 身体健康,吃苦耐劳,工作责任心强。

3. 通过培训、考核,并获得水产监管员上岗证。

应建立水产监管员合同聘用制度,建立对水产监管员工作的检查、总结、考核和表彰制度,制定水产监管员工作补贴办法。

5.3 水产品质量安全监管

民以食为天,食品安全关系每个人的健康,成为大家关注的重点。在人们的食物构成中,水产品以其营养丰富、味道鲜美等特点,深受消费者喜爱。水产品的肌纤维比较纤细,组织蛋白质的结构松软,水分含量较多,肉质细嫩,易被人体消化吸收;含脂肪量很低,仅1%~10%,多数为1%~3%,并且多由不饱和脂肪酸组成,易被人体消化吸收,不易引起动脉硬化。

5.3.1 监管背景与内容

在我国发生的食品安全事件中,不洁毛蚶事件、孔雀石绿事件、对虾氯霉素事件、多宝鱼事件等是直接与水产品相关的质量安全事件。水产品作为深受广大消费者喜爱的农产品,其质量问题已引起渔业部门的高度重视。2011年6月召开了全国水产品质量安全管理工作会议,深入推进水产品质量安全管理和重点水产品专项治理。同年12月,农业部渔业局在北京召开座谈会,专题研究水产品质量安全追溯试点工作。各地区主管部门负责人分别就本地区水产品产地准出、市场准入制度建设及质量安全追溯管理工作开展情况进行了交流汇报,会议要求相关渔业主管部门和有关单位充分认识水产品质量安全追溯工作的重要性和迫切性,抓住机遇,克服困难,逐步完善水产品质量安全管理的长效机制,确保水产品质量安全追溯管理工作有序推进。在种苗生产、养殖、加工、流通等环节逐步推行质量认证制度,重点解决水产品有毒有害物质残留问题,切实抓好"从鱼塘到餐桌"的全过程质量管理。

水产品质量安全监管信息包括投入品、生产者、生产环境等,在生产(捕捞、养殖)、加工、流通、销售的每一个阶段都要严格监管,包括养殖证、水产苗种、养殖生产监督管理,依法监督检查水产养殖生产经营中是否存在违法违规行为。生产过程重点检查监管以下内容。

• 检查生产经营过程中标准、规范执行情况,苗种生产经营及水产养殖企业(户)应严格执行国家、行业、地方或企业制定的标准、生产操作规程,销售苗种及水产品应符合相关质量标准。

• 检查质量安全管理制度建设及其执行情况,苗种生产经营及水产养殖企业(户)应建立和执行"水产养殖生产记录""水产养殖用药记录""水产品销售记录"等质量安管理制度。

• 查处使用禁用药物和不执行休药期规定的行为。苗种生产经营及水产养殖企业（户）不得购买、贮存和使用国家明令禁止使用的药物及其他化合物。生产的苗种和养殖产品必须符合相关质量标准，药残不得超标，禁用药物不得检出。重点检查销售尚在用药期、休药期内水产品的行为。

5.3.2 相关法律法规和指导意见

1. 国际相关法律法规

来自消费者、从业者、立法者三方对水产品可追溯性的要求呈现全球化的趋势，在联合国粮农组织（FAO）第九届水产品贸易委员会会议上，欧盟提出从2005年1月起全面建立渔业产品可追溯性规范，这些规范偏重卫生和消费者需求，并力求与FAO提出的法规一致。很多现行的欧盟法规直接或间接涉及对水产品可追溯性的要求，涉及产品责任与产品安全、水产品贸易、渔业管理、食品标签，以及食品安全、动物健康与福利等相关法规。欧盟法规（EC，178/2002）要求把食品安全贯彻到整个食品生产流通链的各个环节中，而以往的相关法规只是局部涉及食品可追溯性。

水产品追溯计划（Traceability of Fish Products）是由欧盟委员会资助的一项协同工作计划。该计划的Trace Fish项目组由挪威渔业研究所牵头，由来自欧盟及北欧等多个国家的各相关领域的企业和机构团体自愿组成，主要目标是调查研究水产品的全链可追溯性，建立水产品可追溯体系的执行标准。

经过广泛深入的调查研究，Trace Fish计划项目组颁布了《海捕鱼生产流通链信息记录细则》《养殖鱼生产流通链信息记录细则》，细则从整个水产品生产流通链的角度出发，分别制定了建立海捕鱼产品和养殖鱼产品可追溯体系的标准。

2. 我国相关法律法规和指导意见

我国针对水产品质量安全，制定了一系列法律法规制度和指导意见，主要有《中华人民共和国农产品质量安全法》《水产养殖质量安全管理规定》等。

（1）《中华人民共和国农产品质量安全法》。该法于2006年4月29日通过，2018年10月26日修正，立足于农产品的质量安全，没有专门提及水产品，但水产品是农产品的一个类别，所列各条对水产品同样适用。这部法律主要在农产品投入品、药物使用等方面做了规定，并提出要建立农产品质量安全监测制度。

第二十四条　农产品生产企业和农民专业合作经济组织应当建立农产品生产记录，如实记载下列事项：

（一）使用农业投入品的名称、来源、用法、用量和使用、停用的日期；

(二)动物疫病、植物病虫草害的发生和防治情况；

(三)收获、屠宰或者捕捞的日期。

第二十九条 农产品在包装、保鲜、贮存、运输中所使用的保鲜剂、防腐剂、添加剂等材料，应当符合国家有关强制性的技术规范。

第三十三条 有下列情形之一的农产品，不得销售：

(一)含有国家禁止使用的农药、兽药或者其他化学物质的；

(二)农药、兽药等化学物质残留或者含有的重金属等有毒有害物质不符合农产品质量安全标准的；

(三)含有的致病性寄生虫、微生物或者生物毒素不符合农产品质量安全标准的；

(四)使用的保鲜剂、防腐剂、添加剂等材料不符合国家有关强制性的技术规范的；

(五)其他不符合农产品质量安全标准的。

第三十四条 国家建立农产品质量安全监测制度。县级以上人民政府农业行政主管部门应当按照保障农产品质量安全的要求，制定并组织实施农产品质量安全监测计划，对生产中或者市场上销售的农产品进行监督抽查。

第三十七条 农产品批发市场应当设立或者委托农产品质量安全检测机构，对进场销售的农产品质量安全状况进行抽查检测；发现不符合农产品质量安全标准的，应当要求销售者立即停止销售，并向农业行政主管部门报告。农产品销售企业对其销售的农产品，应当建立健全进货检查验收制度；经查验不符合农产品质量安全标准的，不得销售。

(2)《水产养殖质量安全管理规定》。该规定于2003年7月24日公布，2003年9月1日起实施，涵盖养殖用水、养殖生产、渔用饲料、水产养殖用药等方面。

(3)《农业部关于全面推进水产健康养殖、加强水产品质量安全监管的意见》。该意见于2009年3月12日发布，提出全面推进水产健康养殖，进一步强调建立养殖过程中的各项记录，加强对投入品的规范管理；加强水产品质量安全监管，强调完善产地筹建制度，加强苗种质量管理，全面推进执法监管；并提出逐步推行禁止生产区域划分制度和水产品质量安全可追溯制度，增强水产品质量安全突发事件预警处置能力。各级渔业主管部门要按照"预防与善后并重"原则，建立并完善水产品质量安全重大突发事件应急处置预案。开展水产品质量安全隐患排查工作，对隐患及苗头性问题，要组织专家对其产生的主要原因、可能暴发的程度、对人体健康、市场供给和产业发展可能造成的影响进行深入分析评估，提出预警和处置意见。要严格执行水产品质量安全重大事件报告制度，不得瞒报、迟报。同时，加强舆情监测，发挥科研、推广、质检等单位的作用，及时报告所发现的问题，尽量将事件控制在萌芽状态。一旦事件发生，各级渔业主管部门和有关单位，要立即启动预案，快速应对，密切配合，科学处置，妥善解决。同时，加强正面宣传，澄清事实真相，尽力消除恐慌，引导科学理性食用，保护消费者健康和合法生产者权益。

（4）《产地水产品质量安全监督抽查工作暂行规定》。该规定于2009年3月13日公布并生效，进一步规范了抽检过程，对质检机构的资质提出了具体要求，并对抽检结果异常的处理程序做了规定，对复检程序做出明确规定。

（5）《农产品质量安全监测管理办法》。该办法于2012年8月14日公布，自2012年10月1日起施行，规定了农产品质量安全监督抽查的主管单位、执行单位、抽样检测规范及工作纪律，从制度上保证了安全抽检的公正、可靠。

5.3.3 我国水产品质量安全监管标准概况

1. 苗种

水产养殖使用的苗种应当符合国家或地方质量标准。水产苗种管理的法律依据主要包括《中华人民共和国渔业法》《水产苗种管理办法》等，涉及水产原、良种管理的规章也是水产苗种管理的法律规范。珍贵、濒危水生野生动植物及其苗种的管理，应按有关水生野生动植物保护的法律法规执行；进口、出口水产苗种的具体检疫工作按照《中华人民共和国进出境动植物检疫法》等法律法规执行。

《中华人民共和国渔业法》第四十四条规定了违反有关水产苗种管理规定的相关法律责任："非法生产、进口、出口水产苗种的，没收苗种和非法所得，并处五万元以下罚款；经营未经审定的水产苗种的，责令立即停止经营，没收违法所得，可并处五万元以下罚款。"

《水产苗种管理办法》第十八条规定："县级以上人民政府渔业行政主管部门应当加强对水产苗种的产地检疫。国内异地引进水产苗种的，应当先到当地渔业行政主管部门办理检疫手续，经检疫合格后方可运输和销售。"

2. 养殖用水

水产养殖用水应当符合《无公害食品海水养殖用水水质》或《无公害食品淡水养殖用水水质》等标准，禁止将不符合水质标准的水源用于水产养殖。

3. 养殖生产过程

水产养殖生产应当符合国家有关养殖技术规范操作要求。水产养殖单位和个人应当填写"三项记录"，"水产养殖生产记录"记载养殖种类、苗种来源及生长情况、饲料来源及投喂情况、水质变化等内容，"水产养殖用药记录"记载病害发生情况，主要症状，用药名称、时间、用量等内容，"水产品销售记录"记载销售日期、品种、数量、价格，以及销往单位及其电话。"三项记录"应当保存至该批水产品全部销售后2年以上。

销售的养殖水产品应当符合国家或地方有关标准。不符合标准的产品应当进行净化处理，净化处理后仍不符合标准的产品禁止销售。

4. 渔用饲料

使用渔用饲料应当符合《饲料和饲料添加剂管理条例》和《无公害食品 渔用配合饲料安全限量》。鼓励使用配合饲料。限制直接投喂冰鲜（冻）饲料，防止残饵污染水质。禁止使用无产品质量标准、无质量检验合格证、无生产许可证和产品批准文号的饲料、饲料添加剂。禁止使用变质和过期饲料。

5. 养殖用药

渔药管理的规则、准则和标准包括《兽药管理条例》《无公害食品 水产品中渔药残留限量》《无公害食品 渔用药物使用准则》等。此外，《水产养殖质量安全管理规定》对水产养殖用药进行了相关规定。

使用药物的养殖水产品在休药期内不得用于人类食品消费。禁止使用假、劣兽药及规定禁止使用的药品、其他化合物和生物制剂。原料药不得直接用于水产养殖。

《兽药管理条例》第六十二条规定："未按照国家有关兽药安全使用规定使用兽药的、未建立用药记录或者记录不完整真实的，或者使用禁止使用的药品和其他化合物的，或者将人用药品用于动物的，责令其立即改正，并对饲喂了违禁药物及其他化合物的动物及其产品进行无害化处理；对违法单位处1万元以上5万元以下罚款；给他人造成损失的，依法承担赔偿责任。"

《兽药管理条例》第七十四条规定："水产养殖中的兽药使用、兽药残留检测和监督管理以及水产养殖过程中违法用药的行政处罚，由县级以上人民政府渔业主管部门及其所属的渔政监督管理机构负责。"因此，渔药使用的监督管理是渔业行政主管部门及其所属的渔政监督管理机构的重要职责。

6. 无公害水产品的安全质量标准

（1）产地环境质量标准

1)《无公害食品淡水养殖用水水质》NY 5051—2001。

2)《绿色食品 产地环境质量》NY/T 391—2013。

（2）生产投入物质、饲料、渔药使用准则

1)《无公害食品渔用药物使用准则》NY 5071—2002。

2)《无公害食品 渔用配合饲料安全限量》NY 5072—2002。

（3）无公害水产品生产技术规范

1)《无公害食品 稻田养鱼技术规范》NY/T 5055—2001。

2)《无公害食品 中华绒螯蟹养殖技术规范》NY/T 5065—2001。

3)《无公害食品 中华鳖养殖技术规范》NY/T 5067—2002。

4)《无公害食品 池塘饲养鳗鲡技术规范》NY/T 5069—2002。

5)《无公害食品 尼罗罗非鱼养殖技术规范》NY/T 5054—2002。

6)《无公害食品 牛蛙养殖技术规范》NY/T 5157—2002。

7)《无公害食品 罗氏沼虾养殖技术规范》NY/T 5159—2002。

8)《无公害食品 虹鳟养殖技术规范》NY/T 5161—2002。

9)《无公害食品 乌鳢养殖技术规范》NY/T 5165—2002。

10)《无公害食品 鳜养殖技术规范》NY/T 5167—2002。

11)《无公害食品 黄鳝养殖技术规范》NY/T 5169—2002。

（4）无公害水产品质量标准

1)《无公害食品 水产品中渔药残留限量》NY 5070—2002。

2)《无公害食品 水产品有毒有害物质限量》NY 5073—2006。

本章测试题

一、判断题（将判断结果填入括号中。正确的填"√"，错误的填"×"）

1. 水产养殖档案管理系统只可以录入、查询，不具有统计功能。　　　　（　　）
2. 新版水产养殖档案管理系统是单机版软件，需要通过光盘安装。　　　（　　）
3. 水产监管员应大力宣传党和国家关于农产品质量安全监管工作的政策、法律和法规。　　　　　　　　　　　　　　　　　　　　　　　　　　　　（　　）
4. 水产监管员无须具备专业知识，通过考核获得上岗证即可上岗。　　　（　　）
5. 水产监管员依法对监管区域内水产养殖生产的质量安全情况进行处罚。（　　）

二、单项选择题（选择一个正确的答案，将相应的字母填入题内的括号中）

1. （　　）不是水产监管员目前存在的问题。

　　A. 年龄老化　　　　B. 身兼数职　　　　C. 数量较少　　　　D. 年龄较轻

2. 目前来看，比较完善的水产养殖档案管理网络具有（　　）级。

　　A. 二　　　　　　　B. 三　　　　　　　C. 四　　　　　　　D. 五

3. 水产监管员依法对监管区域内水产养殖生产的质量安全进行（　　），帮助、指导水产养殖企业、水产专业合作社、水产养殖户正确、及时填写水产养殖档案记录本。

　　A. 监督、管理　　　B. 管理、处罚　　　C. 监督、处罚　　　D. 宣传、管理

4. （　　）不是水产养殖档案管理系统具有的功能。
   A. 录入　　　　B. 查询　　　　C. 绘图　　　　D. 统计
5. 水产监管员应指导、引导养殖户使用（　　），确保水产养殖生产安全的每一环节。
   ①健康苗种　　②优质饲料　　③绿色渔药
   A. ①②　　　　B. ①②③　　　C. ②③　　　　D. ①③

本章测试题参考答案

一、判断题
1. ×　　2. ×　　3. √　　4. ×　　5. ×

二、单项选择题
1. D　　2. C　　3. A　　4. C　　5. B

第 6 章

上海市农业生产档案（水产养殖）

6.1 概述 /120

6.2 档案填写 /121

学习目标

◆ 了解两项登记、五项制度具体内容
◆ 熟悉"上海市农业生产档案(水产养殖)"内容
◆ 能够正确填写"上海市农业生产档案(水产养殖)"

知识要求

6.1 概 述

2002年8月,农业部、质量监督检验检疫总局联合启动《水产品药物残留专项整治计划》,决定推动"两项登记、五项基本制度"建设,以科学的制度保障水产品质量安全。

"两项登记"包括:一是水产养殖生产记录,对养殖生产全过程进行记录,内容有池塘编号、面积、养殖品种、苗种来源、投放时间、检疫情况、水质状况、饲料品牌和来源、水产品生长、销售情况等;二是水产养殖用药记录,对水产养殖用药的情况进行记录,内容有时间、池塘编号、药名、用药量、养殖生物体重、病害发生情况、主要症状、处方及处方出具人、用药人员、用药效果等。

"五项制度"包括:一是生产日志制度,把生产过程用"日志"的形式记录下来,内容包括天气情况、水质情况、生长情况、管理情况等;二是科学用药制度,建立严格、切实可行的科学用药制度,渔业病害用药严格按照《兽药管理条例》和《无公害食品 渔药使用准则》等有关法律法规执行,严禁使用禁用药品,水产品上市严格执行各类药品休药期,在水产品药残监测中无禁用药品检出;三是水产品加工企业原料监控制度,水产品加工企业要对所有原料进行质量监控,保证原料新鲜,不含国家规定的药物残留,符合国家或地方有关标准,从原料上确保加工产品的质量;四是水域环境监控制度,对养殖水域和养殖环境进行质量监控,主要有水源、土壤、底质、大气和水质,养殖环境符合无公害产地的要求,养殖用水符合国家渔业用水水质标准或无公害养殖水质标准;五是产品标签制度,养殖产品以标签形式进行记录,进一步明确生产者的责任,保证产品的质量,记录内容有养殖者、地址、产品种类、规格、出池日期等。

为提高养殖水产品质量安全水平,保护渔业生态环境,促进水产养殖业的健康发展,

第6章 上海市农业生产档案（水产养殖）

根据《中华人民共和国渔业法》等法律、行政法规，制定《水产养殖质量安全管理规定》。该规定对全国养殖生产提出具体要求，其中就包括两项登记、五项制度的具体要求，即要求水产养殖单位和个人填写"水产养殖生产记录"和"水产养殖用药记录"。

本章以上海市为例，介绍两项登记工作的开展情况。2003年起，上海市开始实施两项登记管理制度，包括"水产养殖生产日志"和"水产养殖用药记录"，2016年对两本记录册进行改版，合并为"上海市水产养殖生产日志及用药指南"，2018年按照上海市农业农村委员会水产办的要求，改版为"上海市农业生产档案（水产养殖）"。下文将主要介绍"上海市农业生产档案（水产养殖）"的内容和填写方法。

6.2　档案填写

"上海市农业生产档案（水产养殖）"记录本（见图6-1）可记录7口池塘10个月的每日详情及月小结。一年为一个填写周期，每年根据养殖户的池塘数量确定发放本数。

图6-1　"上海市农业生产档案（水产养殖）"记录本

6.2.1 基本信息填写

1. 单位基本情况填写

如图 6-2 所示为单位基本情况填写页面，具体填写方法如下。

单位基本情况

名称		地址		单位性质	
法定代表人		统一社会信用代码		成立时间	
负责人		文化程度		联系电话		身份证号	
主要技术人员	姓名		信息员姓名		监管员姓名	
	联系电话		联系电话		联系电话	
生产概况	养殖年数：_____年		养殖规模（水面面积）： 室外_____亩 大棚_____亩 温室_____亩		产量产值情况：	
单位基本情况审核	基本情况是否属实：_____ 审核单位：　　　　　　　　　审核人：					

图 6-2 单位基本情况填写页面

（1）名称：填写养殖场名称。

（2）地址：填写养殖场所在地详细地址。

（3）单位性质：1）国有企业；2）国有控股企业；3）外资企业；4）合资企业；5）私营企业（又称民营企业）；6）事业单位。

（4）法定代表人：填写法定代表人姓名。

（5）统一社会信用代码：填写营业执照上的统一社会信用代码。

（6）成立时间：单位成立时间。

（7）负责人：填写养殖场具体负责人姓名。

（8）文化程度：填写负责人文化程度。

（9）联系电话：填写负责人座机或手机号。

（10）身份证号：填写负责人身份证号码。

（11）主要技术人员：姓名一栏填写技术人员姓名，联系电话一栏填写座机或手机号。

（12）信息员姓名：填写信息员姓名。

（13）联系电话：填写信息员座机或手机号。

（14）监管员姓名：填写负责本养殖场的监管员姓名。

（15）联系电话：填写监管员座机或手机号。

（16）养殖年数：填写养殖场从事水产养殖的年数。

（17）养殖规模（水面面积）：分别填写室外、大棚、温室养殖水面面积。

（18）产量产值情况：填写上年度总产量、总产值。

（19）单位基本情况审核：填写基本情况是否属实，并注明审核单位和审核人。

2. 农产品质量安全生产承诺书

承诺人需在农产品质量安全生产承诺书上签字。

农产品质量安全生产承诺书

为了贯彻执行《中华人民共和国农产品质量安全法》，提高生产安全意识，切实履行农产品安全生产，确保上市农产品质量安全，特做如下承诺：

1. 在农产品生产过程中自觉遵守国家及上海市相关法律和规定，保证生产、销售环节各项工作符合相关标准和要求；

2. 自觉遵照技术指导部门意见，遵守兽药（渔药）使用相关规定，科学养殖，合理防治病害，杜绝购买、贮藏、使用违禁兽药（渔药）品种；

3. 积极配合各级职能部门进行安全检查，认真对待检查建议、及时整改，确保农产品安全生产；

4. 积极配合、协助各级药残检测单位进行产品药残检测，确保上市产品安全、卫生；

5. 生产过程中，严格按照要求对农资购买、使用、日常生产等所有操作做详细记录；

6. 对出现的药残超标等质量问题，勇于承担责任，认真查纠原因，及时实施整改措施。

承诺人：＿＿＿＿＿＿＿＿

3. 养殖场、养殖户、池塘基本信息

图 6-3 是养殖场、养殖户、池塘基本信息页，填写说明如下。

_____区（县）_____镇（乡）

村（场）名（发包方）：

_____

养殖证或承包权证编号：_____

承包方住址：_____

养殖总面积：_____

养殖户姓名：_____

池塘号	养殖证中池塘编号	面积（亩）	池塘分布图

图 6-3　养殖场、养殖户、池塘基本信息页面

（1）_____区（县）_____镇（乡）：填写养殖场所在地的区、镇名称。

（2）村（场）名（发包方）：填写池塘所在地的村名。

（3）养殖证或承包权证编号：填写养殖证正本、副本号。国家对水产养殖海域和内陆水域实行养殖证制度，利用海域和内陆水域从事养殖生产活动的单位和个人，必须依法取得养殖证，一个养殖证号可对应多个养殖户。

（4）承包方住址：池塘承包方的详细地址。

（5）养殖总面积：根据养殖证上的面积或各池塘面积进行汇总。

（6）养殖户姓名：填写塘卡上养殖户的姓名。若养殖户已变更，应填写实际承包人的姓名。

（7）池塘号：按实际情况填写。

（8）养殖证中池塘编号：根据养殖证中的池塘编号填写。

（9）面积：分池塘填写每口池塘的面积。

（10）池塘分布图：池塘分布图需根据所在地块的地理位置进行绘制，并予以编号，以便记录。绘制池塘分布图时，要求标注进排水口、道路、房屋等设施情况，以便实地查找（加注位于____处，东临____，西临____，南临____，北临____）。

6.2.2 生产信息填写

水产养殖生产信息包括水产养殖放养/起捕记录、水产养殖投入品记录和换水记录，记录页面如图6-4所示，具体填写说明如下。

水产养殖放养/起捕记录（二○　　年）

池塘号：_____

面积：_____（亩）　　放养　一茬（ ）月（ ）日 / 二茬（ ）月（ ）日　　起捕　一茬（ ）月（ ）日 / 二茬（ ）月（ ）日

水深：_____（m）

放养种类				
放养重量（kg）				
放养尾数				
放养苗种来源				
收获重量（kg）				
收获尾数				
销售去处				
其他				

水产养殖投入品记录

清塘药物	名称				
	重量（kg）				
使用肥料（生物制剂）	名称				
	重量（kg）				
渔用饲料	名称				
	生产厂商				
	重量（kg）				
	饲料系数				

使用的渔药名称				
生产许可证号				
生产批准文号				
执行标准号				
生产厂商				
重量（kg）				
何人开药方				
何处购买				
休药期				

水产养殖换水记录

引用水源		换水次数		平均换水量（cm）	

图 6-4　放养/起捕、投入品、换水记录页面

1. 水产养殖放养/起捕记录填写

（1）水产养殖生产记录（二○　　年）：填写录入年份。

（2）池塘号：填写记录表对应的池塘号。

（3）面积：填写池塘面积，所填面积应与养殖证上的面积相符。

（4）放养：填写每次苗种放养起始时间，表里有上下两行，可以分别填写两茬养殖的放养日期。

（5）起捕：若虾类养殖，填写成虾的最后一次起捕时间，进行两茬养殖的填写每茬最后的起捕时间。

（6）放养种类：填写放养的品种名称。

（7）放养重量：填写放养品种的重量。

（8）放养尾数：填写放养品种的尾数。

（9）放养苗种来源：填写苗种来源地。

（10）收获重量（kg）：填写收获的总重量。

（11）收获尾数：根据收获依次计算所得，收获尾数=收获重量×每千克尾数。

（12）销售去处：填写购买产品的单位或个人名称。

（13）其他：需要说明的其他情况。

2. 水产养殖投入品记录填写

（1）清塘药物：填写所需药物名称、重量。

（2）使用肥料（生物制剂）：使用肥料的名称及重量。

（3）渔用饲料：名称统一填写虾用料或鱼用料，生产厂商根据饲料袋上所写的厂商名称填写，重量是每口池塘养殖结束后所用的饲料总量。

（4）使用的渔药名称：填写使用药物名称。

（5）"三证"信息：查看包装袋上的生产许可证、药品批准文号、产品质量标准，根据包装袋上的信息填写。

（6）生产厂商：根据包装袋上的信息填写。

（7）重量（kg）：所使用渔药的重量。

（8）何人开药方：开具药方人的姓名。

（9）何处购买：购药地址。

(10) 休药期：所用渔药的休药期（标签上标注或是实际生产中的休药期），保证药物残留量符合食品安全卫生标准，一般为30天左右。

3. 水产养殖换水记录填写

（1）引用水源：填写池塘用水的来源。

（2）换水次数：填写全年换水次数。

（3）平均换水量（cm）：可用全年总换水量除以换水次数得出。

6.2.3 生产记录与月小结填写

1. 生产记录填写

如图6-5所示为水产养殖生产记录页，具体填写说明如下。

水产养殖生产记录

_____月

	日期	1	2	3	4	5	6	7	8	9	10	11
	天气											
	水温											
池塘号：___号	日投饲量（kg）											
	吃食情况											
	是否浮头											
	开增氧机时间（小时）											
	是否施药											
	换水量（cm）											
	施肥情况											
	其他											

图6-5 水产养殖生产记录页面

（1）_____月：填写记录内容时所在月份。

（2）天气：填写当天的天气情况。

（3）水温：记录当天池塘的水温。

（4）池塘号：填写池塘号码。

（5）日投饲量（kg）：填写当天该池塘的全部投饲量，单位为kg。

（6）吃食情况：观察当天该池塘鱼虾的吃食情况，分为好、中、差，可设置饲料台观察其情况。

（7）是否浮头：填写是或否。

(8) 开增氧机时间（小时）：填写一天中开增氧机的时间。

(9) 是否施药：填写是或否，如施药，写上药名和用量。

(10) 换水量（cm）：填当天进排水的情况，进水用正号，排水用负号。

(11) 施肥情况：填写施肥品种名称和重量。

(12) 其他：以上未涉及的内容，如水质情况、有无发病等。

2. 月小结填写

如图 6-6 所示为水产养殖月小结页面，每隔一个月，把饲料名称、投饲量（kg）、用药名称及数量、死亡数量、换水情况汇总后填入，可与其他池塘对照一下，总结经验和教训，有利于指导下一个月的养殖。

月小结

池塘号：___号	饲料名称				
	投饲量（kg）				
	（用）药物名称				
	药物用量（kg）				
	死亡数量				
	换水量（cm）/次数				

图 6-6　水产养殖月小结页面

技能要求

养殖场信息填写

操作准备

"上海市农业生产档案（水产养殖）"一本、养殖证原件或复印件一份。

操作步骤

步骤 1　查阅养殖证相关信息。

步骤 2　将相关内容填写到"上海市农业生产档案（水产养殖）"记录本正确位置。

注意事项

字迹清晰，内容正确。

放养/起捕记录填写

操作准备

"上海市农业生产档案(水产养殖)"一本、基本资料一份。

奉贤区某养殖户,共有 10 口池塘,主要养殖对象为南美白对虾,今年 2 月 20 日,在 1 号塘(面积 4 亩,水深 1.5 m)投放了 200 000 尾购自海南的南美白对虾虾苗,5 月 25 日—6 月 25 日,分批多次将南美白对虾捕出,共收获了 1 500 kg;6 月 30 日又投放了 150 000 尾购自海南的南美白对虾虾苗,9 月 10 日—10 月 2 日,分批多次将南美白对虾捕出,共收获了 1 200 kg。均销往本地市场。

操作步骤

步骤 1　认真倾听或阅读所给内容。

步骤 2　将关键信息填写到"上海市农业生产档案(水产养殖)"记录本正确位置。

注意事项

字迹清晰,内容正确。

本章测试题

一、判断题(将判断结果填入括号中。正确的填"√",错误的填"×")

1. "上海市农业生产档案(水产养殖)"中的养殖面积填写应与养殖证上的面积一致。　　　　　　　　　　　　　　　　　　　　　　　　　(　　)

2. 一个养殖证编号对应一本"上海市农业生产档案(水产养殖)"。(　　)

3. 一个养殖户对应多个养殖证号。　　　　　　　　　　　　　(　　)

4. "上海市农业生产档案(水产养殖)"一本可记录 7 口池塘信息。(　　)

5. "上海市农业生产档案(水产养殖)"施药情况每月一记。　(　　)

二、单项选择题(选择一个正确的答案,将相应的字母填入题内的括号中)

1. (　　)填写必须和发包方给的养殖证编号一致。

　　A. 放养日期　　　B. 养殖证编号　　　C. 起捕日期　　　D. 池塘号

2. 在"上海市农业生产档案(水产养殖)"养殖户一栏,如果养殖户已变更,应填写实际(　　)的姓名。

A. 承包户   B. 法人   C. 发包方   D. 以上都不正确

3. 两茬养殖时,第一茬和第二茬的信息不变的有(　　)、池塘号、养殖户姓名,养殖面积。

A. 养殖尾数   B. 养殖日期   C. 养殖品种   D. 养殖证编号

4. 水产养殖换水记录页面无须记录(　　)。

A. 水温   B. 平均换水量   C. 引用水源   D. 换水次数

5. 水产养殖生产记录页面无须记录(　　)。

A. 养殖品种   B. 水温   C. 施肥情况   D. 是否施药

本章测试题参考答案

一、判断题

1. √   2. ×   3. √   4. √   5. ×

二、单项选择题

1. B   2. A   3. D   4. A   5. A

理论知识考试模拟试卷及答案

水产监管理论知识试卷

注 意 事 项

1. 考试时间：60 min。
2. 请在试卷规定位置填写姓名、准考证号。
3. 请仔细阅读答题要求，在规定位置填写答案。
4. 不要在试卷上乱写乱画，不要在封标区填写无关的内容。

单项选择题（第1~100题。选择一个最恰当的答案，将相应的字母填入题内的括号中。每题1分，满分100分）

1. 影响鱼类性腺发育和决定产卵开始时间的是（　　）。
   A. 水的透明度　　B. 阳光　　　　C. 空气　　　　D. 水温
2. 养殖水体（　　）的大小，主要随水体的混浊度而改变。
   A. 溶解度　　　　B. 光照度　　　C. 盐度　　　　D. 透明度
3. 水中溶解盐类的总量称为（　　）。
   A. 温度　　　　　B. 盐度　　　　C. 溶解度　　　D. 透明度
4. 水溶液 pH 值大于7为（　　）。
   A. 酸性　　　　　B. 碱性　　　　C. 中性　　　　D. 以上都不正确
5. 放养初期，池水（　　）。
   A. 非常深　　　　B. 要深　　　　C. 不宜太浅　　D. 不宜太深
6. 鱼的身体可分为（　　）。
   A. 头部、躯干部　　　　　　　　B. 头部、躯干部、尾部
   C. 头部、尾部　　　　　　　　　D. 以上都不正确
7. 识别鱼苗质量可采用（　　）的方法。
   A. 让其深水游动　B. 不让其游动　C. 让其顺水游动　D. 让其逆水游动
8. 养鱼池塘应选择在（　　）的地方。
   A. 水源充足　　　　　　　　　　B. 水质良好

C. 水源充足、水质良好　　　　　　D. 以上都不正确

9. 清塘大多采用（　　）。
   A. 氯化钠　　B. 洗衣粉　　C. 高锰酸钾　　D. 生石灰或漂白粉

10. 适宜的鱼苗培育池底应平坦，淤泥量适中，（　　），能保水，进、排水方便。
    A. 长方形　　B. 正方形　　C. 圆形　　D. 椭圆形

11. 目前水产品池塘养殖技术规范有（　　）等。
    ①池塘养鱼　②稻田养鱼　③水库养鱼　④流水养鱼　⑤网箱养鱼
    A. ①②　　B. ③④⑤　　C. ②④⑤⑥　　D. ①②③④⑤

12. "八字精养法"中"种"是指（　　）。
    A. 成鱼　　B. 大鱼　　C. 商品鱼　　D. 优良鱼种

13. 生产上常采用（　　）的方法鉴别蟹苗质量。
    A. 一看一抽样　　B. 二看一抽样　　C. 三看一抽样　　D. 以上都不正确

14. 蟹苗运输适用于（　　）运输。
    A. 箱内装三分之一的水　　　　　B. 箱内装一半水
    C. 箱内装满水　　　　　　　　　D. 干法

15. 仔蟹下塘时水温差应控制在（　　）℃以内。
    A. 10　　B. 20　　C. 0　　D. 5

16. 投喂蟹种饲料应遵行"四定"原则，即（　　）。
    A. 定时、定量、定质、定位　　　B. 定时、定量、定质、定料
    C. 定时、定量、定人、定位　　　D. 定人、定量、定质、定料

17. 河蟹性早熟的成因是（　　）。
    A. 营养过剩　　　　　　　　　　B. 有效积温增加
    C. 养殖水体盐度过高　　　　　　D. 以上都正确

18. 河蟹的主要水体养殖类型有（　　）种。
    A. 1　　B. 8　　C. 3　　D. 5

19. 南美白对虾体色为浅青灰色，全身（　　）。
    A. 具有斑纹　　B. 不具斑纹　　C. 具有小圆点　　D. 以上都不正确

20. 南美白对虾淡化驯养池放苗（　　）小时后再逐步加淡水进行淡化驯养。
    A. 24　　B. 48　　C. 12　　D. 36

21. 虾苗放养应选择（　　）的虾苗。
    A. 附肢完整　　B. 不打圈游动　　C. 躯体透明度大　　D. 以上都正确

22. 南美白对虾育苗池水温与养成池水温相差不超过（　　）℃。

A. 8　　　　　　B. 6　　　　　　C. 10　　　　　　D. 2

23. 轮捕轮放的方法为（　　）。
    A. 捕大补大　　B. 捕大补小　　C. 捕大留小　　D. B和C正确

24. （　　）属于植物性饲料。
    A. 鱼粉　　　　B. 水蚯蚓　　　C. 茶籽饼　　　D. 螺狮

25. （　　）不属于无机肥料。
    A. 钙肥　　　　B. 钾肥　　　　C. 磷肥　　　　D. 绿肥

26. 养鱼的肥料可以分为（　　）。
    A. 无机肥和氮肥　　　　　　B. 有机肥和绿肥
    C. 无机肥和有机肥　　　　　D. 绿肥和氮肥

27. （　　）不能作为基肥。
    A. 粪肥　　　　B. 厩肥　　　　C. 氨水　　　　D. 绿肥

28. 施基肥时因水温较低,有机肥料分解（　　）,施放量可以多一些。
    A. 很快　　　　B. 较快　　　　C. 快　　　　　D. 缓慢

29. 无机肥又称（　　）。
    A. 有机肥　　　B. 氮肥　　　　C. 磷肥　　　　D. 化肥

30. 有机肥和（　　）通常交替或混合使用,可以增强肥效。
    A. 绿肥　　　　B. 粪肥　　　　C. 堆肥　　　　D. 无机肥

31. 在渔业生产上通常将鱼类食料归纳为天然饲料和（　　）。
    A. 人工饲料　　B. 颗粒饲料　　C. 粉状饲料　　D. 饼类饲料

32. 颗粒饲料质量鉴别可通过"看、闻、捻、泡、（　　）"实现。
    A. 听　　　　　B. 说　　　　　C. 敲　　　　　D. 嚼

33. 天然饲料的种类有浮游植物、浮游动物、底栖动物和（　　）。
    A. 硅藻　　　　B. 轮虫　　　　C. 桡足类　　　D. 水生植物

34. （　　）属于动物性饲料。
    A. 鱼粉　　　　B. 豆粕　　　　C. 茶籽粕　　　D. 以上都不正确

35. （　　）属于植物性饲料。
    A. 豆粕、麦麸、酒糟　　　　B. 米糠、豆粕、小杂鱼
    C. 菜饼、鱼粉、蚕蛹　　　　D. 菜饼、酒糟、血粉

36. 根据不同鱼种、不同发育阶段,将各种成分的原料按比例配合、加工而成的饲料是（　　）。
    A. 动物性饲料　B. 自然饲料　　C. 天然饲料　　D. 配合饲料

37. 配合饲料营养（　　），易于消化，适口性好。
   A. 单一　　　　　B. 增加　　　　　C. 全面平衡　　　　D. 减少
38. 颗粒饲料可分为硬颗粒饲料、软颗粒饲料和（　　）。
   A. 青饲料　　　　B. 精饲料　　　　C. 粉状饲料　　　　D. 膨化饲料
39. 配合饲料贮存时，其含水量不能高于（　　）。
   A. 25%　　　　　B. 30%　　　　　C. 50%　　　　　　D. 12%
40. 饲料系数又称（　　），即饲料用量与养殖鱼类增重量的比值。
   A. 放养系数　　　B. 投喂系数　　　C. 减肉系数　　　　D. 增肉系数
41. 增氧机种类很多，（　　）不属于水产养殖用增氧机。
   A. 有叶轮式增氧机　　　　　　　　B. 充气式增氧机
   C. 充油式增氧机　　　　　　　　　D. 射流式增氧机
42. 增氧机的增氧效果与池水溶氧量的饱和度成反比。因此，一般在（　　）开增氧机。
   A. 白天　　　　　B. 夜间或清晨　　C. 中午　　　　　　D. 下午
43. 增氧机的配套主要是根据（　　）和鱼产量来确定的。
   A. 鱼种类　　　　B. 鱼个头　　　　C. 鱼体质　　　　　D. 水面面积
44. "上海市农业生产档案（水产养殖）"的一个养殖权证编号对应（　　）个养殖户。
   A. 1　　　　　　B. 2　　　　　　C. 5　　　　　　　D. 多
45. 养殖证编号（　　）。
   A. 没多大作用　　　　　　　　　　B. 用于美观
   C. 用于统计　　　　　　　　　　　D. 具有一定法律作用
46. 养殖证编号（　　）。
   A. 可任意填写
   B. 由自己填写
   C. 由法人任意填写
   D. 根据发包方给的养殖证编号进行正确填写
47. 养殖户有多个养殖池塘，需给每口池塘（　　）。
   A. 定位　　　　　B. 编号　　　　　C. 定向　　　　　　D. 以上都不正确
48. 在填写养殖场、池塘信息时，如果养殖户已变更，应填写实际（　　）的姓名。
   A. 承包户　　　　B. 法人　　　　　C. 发包方　　　　　D. 以上都不正确
49. 养殖面积的填写应与养殖证上的面积（　　）。

A. 不一　　　B. 一致　　　C. 差不多　　　D. 差得多

50. 放养日期填写与放养当天的日期（　　）。
    A. 随便填　　　B. 多一天　　　C. 一致　　　D. 少一天

51. 起捕日期填写与起捕当天的日期（　　）。
    A. 随便填　　　B. 多一天　　　C. 一致　　　D. 少一天

52. 水产养殖生产记录里的天气是（　　）。
    A. 每日一记　　　B. 两日一记　　　C. 三日一记　　　D. 五日一记

53. 在水产养殖过程中对病虫害的防治采取（　　）。
    A. 不施药
    B. 每天施药
    C. 多施渔药
    D. 以防为主，防治结合

54. 两茬养殖时，第一茬和第二茬的信息不变的有（　　）、池塘号、养殖户姓名、养殖面积。
    A. 养殖尾数　　　B. 养殖日期　　　C. 养殖品种　　　D. 养殖证编号

55. 水产养殖用药记录月小结需要填写的有投饲量、药物名称、（　　）、死亡数量。
    A. 养殖证编号　　　B. 养殖尾数　　　C. 养殖品种　　　D. 药物用量

56. 《水产养殖质量安全管理规定》要求水产养殖单位和个人填写（　　）。
    A. 安全生产
    B. 生产计划
    C. 5年计划
    D. 水产养殖生产记录及水产养殖用药记录

57. 水产养殖生产记录表中销往何处一栏应填写购买产品的（　　）。
    A. 地点
    B. 单位名称
    C. 个人名称
    D. 单位或个人名称

58. 水产养殖生产及用药记录本的数据来源于（　　）。
    A. 国家　　　B. 省份　　　C. 城市　　　D. 水产养殖户

59. 水产养殖过程中，选择（　　），保障水产养殖质量。
    A. 进口渔药
    B. 国标渔药
    C. 一般药店购买渔药
    D. 自己购买渔药

60. 规范用药就是要从药物、病原、环境、养殖水产物本身等出发，有目的、有计划地使用渔药，包括（　　）。
    ①正确选药　②适宜用药　③合理给药　④药效评价
    A. ①②③　　　B. ①②③④　　　C. ②③④　　　D. ①②④

61. 水产养殖过程中，在渔药店购买渔药需要（　　）。
    A. 查找处方人　　　B. 查找药名

C. 不登记任何信息　　　　　　D. 登记购买详细信息

62. 在购买渔药选择厂商时，一定要验证该生产厂商是否具有（　　）。
    A. 无证　　　B. 一证　　　C. 二证　　　D. 三证

63. 最后停止给药日至水产品作为食品上市出售的最短时间即为（　　）。
    A. 控制期　　B. 出售期　　C. 上市期　　D. 休药期

64. 水产品养殖过程中，使用的渔药品种很多，可大致分为抗微生物药、消毒剂、驱杀虫剂、（　　）等。
    A. 有机肥　　B. 无机肥　　C. 中草药　　D. 光合细菌

65. 在水产品养殖过程中，渔药的给药方式有泼洒法、浸浴法、涂抹法、（　　）等。
    A. 高温消毒法　B. 注射法　　C. 紫外线照法　D. 电烫法

66. 在水产品养殖过程中，用药前首先必须做出正确的诊断，即（　　）。
    A. 滥用渔药　　　　　　　　B. 根据经验使用渔药
    C. 不用渔药　　　　　　　　D. 对症下药

67. 常用的池塘消毒药物有（　　）、漂白粉等。
    A. 中草　　　B. 疫苗　　　C. 生石灰　　D. 麻醉剂

68. 根据药物的形状、颜色、（　　）可以辨别某些药物质量的好坏。
    A. 水分含量　B. 气味　　　C. 比重　　　D. 重量

69. 影响渔药作用的因素较多，主要包括药物的剂量和剂型、（　　）、动物状态、环境因素。
    A. 给药方式　B. 给药人　　C. 水温　　　D. 以上都不正确

70. 清塘时，使用（　　）药物可以彻底杀灭潜伏在池塘中的寄生虫、微生物等病原体。
    A. 低浓度　　B. 高浓度　　C. 固体　　　D. 液体

71. 石灰有（　　）和熟石灰。
    A. 生石灰　　B. 熟石灰　　C. 半生石灰　D. 半熟石灰

72. 渔药的使用应严格遵循（　　）的规定，严禁生产、销售和使用未经取得生产许可证、批准文号与没有生产执行标准的渔药。
    A. 客户　　　B. 国家和有关部门　C. 效益化　　D. 以上都不正确

73. （　　）不属于禁用渔药。
    A. 地虫硫磷　B. 敌百虫　　C. 孔雀石绿　D. 六六六

74. 水产监管员可（　　）对监管区域内水产养殖生产的质量情况进行监督、管理等。

A. 依法　　　　B. 依主观意识　　　C. 无条件　　　　D. 强制

75. 建立村级安全监管制度和（　　），负责监管区域内的水产养殖档案工作。

　　A. 养殖生产　　B. 养殖加工　　　C. 健康养殖　　　D. 监管措施

76. 水产监管员应具有（　　）或经验。

　　A. 一定文化知识　　　　　　　　B. 高中文化
　　C. 一定水产养殖专业知识　　　　D. 小学文化

77. 水产品质量安全监管需做好（　　）、病害发生情况、防害防治情况等常规记录。

　　A. 温度测量　　B. 药品检测　　　C. 进排水量　　　D. 水质检测

78. 在（　　）的内水、滩涂、领海、专属经济区以及中华人民共和国管辖的一切其他海域从事养殖等，都必须遵守《中华人民共和国渔业法》。

　　A. 韩国　　　　B. 中国　　　　　C. 朝鲜　　　　　D. 日本

79. 使用全民所有的水域、滩涂进行水产养殖的，应当向（　　）地方人民政府渔业行政主管部门提出申请，由本级人民政府核发养殖证。

　　A. 区级以上　　B. 镇级以上　　　C. 村级以上　　　D. 县级以上

80. 从事养殖生产不得使用含（　　）物质的食料、饲料。

　　A. 激素　　　　B. 微生物　　　　C. 维生素　　　　D. 有毒有害

81. 为保障农产品质量安全，维护公众健康，促进农业和农村经济发展，制定（　　）。

　　A. 《中华人民共和国渔业法》
　　B. 《中华人民共和国农业法》
　　C. 《中华人民共和国农村经济法》
　　D. 《中华人民共和国农产品质量安全法》

82. 《中华人民共和国农产品质量安全法》所称（　　）是指来源于农业的初级产品，即在农业活动中获得的植物、动物、微生物及其产品。

　　A. 树木　　　　B. 果实　　　　　C. 农产品　　　　D. 动物

83. 《中华人民共和国农产品质量安全法》所称（　　）是指农产品质量符合保障人的健康、安全的要求。

　　A. 农产品质量安全　　　　　　　B. 生产安全
　　C. 加工安全　　　　　　　　　　D. 养殖安全

84. 对可能影响农产品质量安全的农药、兽药、饲料和（　　）、肥料、兽医器械，依照有关法律、行政法规的规定实行许可制度。

　　A. 水草　　　　B. 浮游植物　　　C. 饲料添加剂　　D. 植物

85. 农产品生产企业和农民专业合作经济组织应如实记载动物疫病、（   ）草害的发生和防治情况。

    A. 植物病虫　　　B. 水体　　　C. 水体透明度　　　D. 水体浑浊度

86. 我国水产养殖管理要全面推行"（   ）"。

    A. 一项登记，一项制度　　　　　　B. 两项登记，两项制度

    C. 两项登记，四项制度　　　　　　D. 两项登记，五项制度

87. 制定水产养殖质量安全管理规定是为了提高养殖水产品质量安全水平，保护（   ），促进水产养殖业的健康发展。

    A. 浮游生物资源　　B. 水体污染　　C. 水体资源　　D. 渔业生态环境

88. 水产养殖质量安全管理规定适用于（   ）。

    A. 中国境内从事水产养殖的单位和个人

    B. 江浙地区

    C. 上海地区

    D. 江苏省

89. 水产养殖单位和个人应（   ）检测养殖用水水质。

    A. 有空　　　B. 偶尔　　　C. 定期　　　D. 不定期

90. 根据水域滩涂环境状况划分养殖功能区，合理安排养殖生产布局，科学确定（   ）、养殖方式。

    A. 养殖阶段　　B. 养殖规模　　C. 养殖品种　　D. 养殖时间

91. 使用渔用饲料应当符合（   ）和《无公害食品 渔用配合饲料安全限量》。

    A.《环境安全条例》　　　　　　B.《饲料和饲料添加剂管理条例》

    C.《水质安全条例》　　　　　　D.《食品安全条例》

92. （   ）用药应符合《兽药管理条例》。

    A. 水产养殖　　B. 水产深加工　　C. 水产加工　　D. 食品加工

93. 禁止使用（   ）兽药及农业部规定禁止使用的药品、其他化合物和生物制剂。

    A. 一般　　　B. 进口　　　C. 高浓度　　　D. 假、劣

94. （   ）不属于水产养殖单位和个人应当填写的"三项记录"。

    A. 水产养殖生产记录　　　　　B. 水产养殖用药记录

    C. 水产品销售记录　　　　　　D. 水产养殖天气记录

95. 目前，上海市建成了水产养殖档案（   ）网络。

    A. 二级　　　B. 三级　　　C. 四级　　　D. 五级

96. 积极鼓励研制、生产和使用（   ）的渔药。

  A. "三效""三大"   B. "三效""四大"
  C. "三效""三小"   D. "四效""四大"

97. 水产养殖安全监管主要内容有（　　）。
  ①水　②苗种　③饲料　④渔药
  A. ①②③   B. ②③④   C. ①③④   D. ①②③④

98. 严禁使用（　　）、高残留或具有三致（致癌、致畸、致变态）毒性的渔药。
  A. 高毒   B. 无毒   C. 红霉素   D. 低毒

99. 在水产养殖过程中，（　　）为禁用渔药。
  A. 六六六   B. 有机碘   C. 氧化剂   D. 抗真菌药

100. 生物防治法就是利用一种或几种（　　）来抑制或消灭另一种生物，以达到防病治病目的的方法。
  A. 微生物   B. 植物   C. 动物   D. 生物

水产监管理论知识模拟试卷答案

1. D　　2. D　　3. B　　4. B　　5. D　　6. B　　7. D　　8. C　　9. D　　10. A
11. D　　12. D　　13. C　　14. D　　15. D　　16. A　　17. D　　18. D　　19. B　　20. B
21. D　　22. D　　23. D　　24. C　　25. D　　26. C　　27. C　　28. D　　29. D　　30. D
31. A　　32. D　　33. D　　34. A　　35. A　　36. D　　37. C　　38. D　　39. D　　40. D
41. C　　42. B　　43. D　　44. D　　45. D　　46. D　　47. B　　48. A　　49. B　　50. C
51. C　　52. A　　53. D　　54. D　　55. D　　56. D　　57. D　　58. D　　59. B　　60. B
61. D　　62. D　　63. D　　64. C　　65. B　　66. D　　67. C　　68. B　　69. A　　70. B
71. A　　72. B　　73. B　　74. A　　75. D　　76. C　　77. D　　78. B　　79. D　　80. D
81. D　　82. C　　83. A　　84. C　　85. A　　86. D　　87. D　　88. A　　89. C　　90. B
91. B　　92. A　　93. D　　94. D　　95. C　　96. C　　97. D　　98. A　　99. A　　100. D

操作技能考核模拟试卷及答案

注 意 事 项

1. 根据技能操作考核试题单中所列的试题做好考核准备。
2. 请在试卷规定位置填写姓名、准考证号。
3. 请仔细阅读答题要求,并按要求完成操作或进行笔答或口答。若有笔答,请考生在答题卷上完成。
4. 操作技能考核时要遵守考场纪律,服从考场管理人员指挥,保证考核安全顺利进行。

水产监管操作技能考核通知单

姓名:

准考证号:

考核日期:

试题1

试题代码:1.1.1。

试题名称:常见养殖种类名称、部位识别。

考核时间:15 min。

配分:10 分。

试题2

试题代码:1.2.1。

试题名称:pH 值、温度测定。

考核时间:15 min。

配分:10 分。

试题3

试题代码:1.3.1。

试题名称：增氧机识别。

考核时间：10 min。

配分：5 分。

试题 4

试题代码：2.1.1。

试题名称：水草识别。

考核时间：10 min。

配分：7 分。

试题 5

试题代码：3.1.1。

试题名称：常见养殖虾类辨别。

考核时间：10 min。

配分：8 分。

试题 6

试题代码：4.1.1。

试题名称：案例分析（水产养殖放养/起捕记录表填写）。

考核时间：10 min。

配分：10 分。

试题 7

试题代码：4.2.1。

试题名称：案例分析（水产养殖投入品记录表填写）。

考核时间：10 min。

配分：10 分。

试题 8

试题代码：5.1.2。

试题名称：药物识别和选用。

考核时间：10 min。

配分：10 分。

水产监管操作技能考核
试 题 单

试题代码：1.1.1。
试题名称：常见养殖种类名称、部位识别。
考核时间：15 min。

1. 操作条件
操作台 1 张，椅子 1 把，答题笔 1 支。

2. 操作内容
（1）根据下列图片识别 4 种养殖品种，品种名称写在答题卷上。

（2）指出下图中各部位的名称。

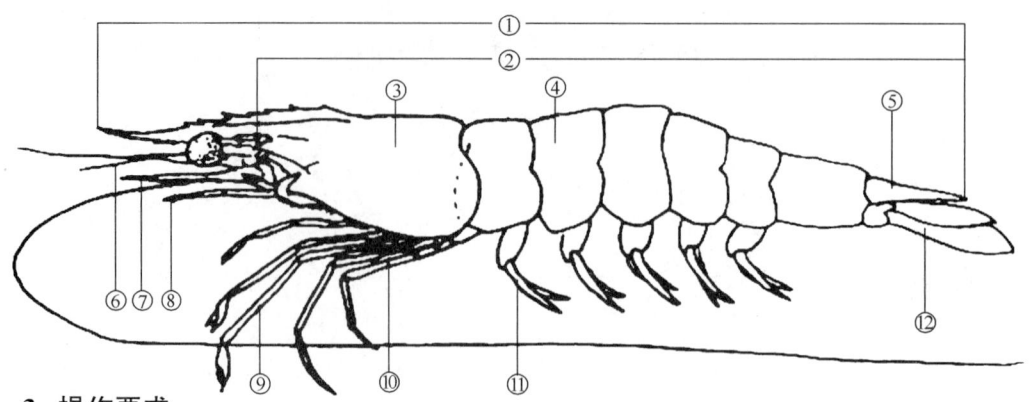

3. 操作要求

（1）根据图片，写出品种、部位名称。

（2）依照编号，对应注明。

（3）书写工整，卷面整洁。

水产监管操作技能考核
答 题 卷

考生姓名：　　　　　　　　　　准考证号：

试题代码：1.1.1。

试题名称：常见养殖种类名称、部位识别。

考核时间：15 min。

1. 根据图片识别 4 种养殖品种。

①_____　　②_____

③_____　　④_____

2. 指出图中各部位的名称。

①_____　②_____　③_____

④_____　⑤_____　⑥_____

⑦_____　⑧_____　⑨_____

⑩_____　⑪_____　⑫_____

水产监管操作技能考核
试题评分表及答案

考生姓名：　　　　　　　　　准考证号：

1. 试题评分表

试题代码及名称		1.1.1 常见养殖种类名称、部位识别	考核时间	15 min
评价要素	配分（分）	评分细则	得分（分）	
1	识别养殖品种	4	每个1分	
2	识别虾类外部形态	6	每个0.5分	
合计配分	10	合计得分		

考评员（签名）：

2. 参考答案

（1）根据图片识别4种养殖品种。

① 　巴西龟　　② 　中华绒螯蟹

③ 　鲢鱼　　　④ 　草鱼

（2）指出图中各部位的名称。

① 　全长　　　② 　体长　　　③ 　头胸部

④ 　腹部　　　⑤ 　尾节　　　⑥ 　第一触角

⑦ 　第二触角　⑧ 　第三颚足　⑨ 　第三步足

⑩ 　第五步足　⑪ 　游泳足　　⑫ 　尾节

水产监管操作技能考核
试 题 单

试题代码：1.2.1。
试题名称：pH 值、温度测定。
考核时间：15 min。

1. 场地设备要求
操作台 1 张，待测水样、测量杯、回收桶、试剂盒、温度计各 1 个。

2. 工作任务
在规定时间内，正确测量待测水样 pH 值、温度。

3. 技能要求
（1）试剂盒、温度计使用正确。
（2）测量结果正确。

4. 质量指标
（1）pH 值比色操作正确，读数正确。
（2）温度计不要触碰容器底或容器壁，读数正确。

水产监管操作技能考核
试题评分表及答案

考生姓名：　　　　　　　　　　准考证号：

试题代码及名称		1.2.1　pH 值、温度测定		考核时间					15 min	
评价要素	配分（分）	等级	评分细则	评定等级					得分（分）	
				A	B	C	D	E		
1	pH 值测定： 1. 用待测水样冲洗测试杯两次 2. 取水样 5 mL 3. 加 3 滴 pH 试剂 4. 盖好测试杯并轻轻摇匀 5. 读数正确［将测试杯（具刻度面）贴于比色卡的空白处，与色卡颜色比较，即可得所测水样的 pH 值］	5	A	全部符合要求						
		B	4 点符合要求							
		C	3 点符合要求							
		D	2 点符合要求							
		E	差或未答题							
2	温度测定： 1. 温度计的玻璃泡全部浸入被测液体中，不要触碰容器底或容器壁 2. 温度计玻璃泡浸入被测液体后要稍等一会儿，待温度计的示数稳定后再读数 3. 读数时温度计的玻璃泡要继续留在液体中，视线要与温度计中液柱的上表面齐平 4. 读数正确	5	A	全部符合要求						
		B	3 点符合要求							
		C	2 点符合要求							
		D	1 点符合要求							
		E	差或未答题							
合计配分		10	合计得分							

考评员（签名）：

等级	A（优）	B（良）	C（及格）	D（较差）	E（差或未答题）
比值	1.0	0.8	0.6	0.2	0

"评价要素"得分＝配分×等级比值。

水产监管操作技能考核
试 题 单

试题代码：1.3.1。

试题名称：增氧机识别。

考核时间：10 min。

1. 操作条件

操作台1张，椅子1把，答题笔1支。

2. 操作内容

（1）写出下图中增氧机的名称。

①

②

③

（2）写出增氧机的作用。

3. 操作要求

（1）根据图片，填写答案。

（2）依照编号，对应注明。

（3）书写工整，卷面整洁。

水产监管操作技能考核
答 题 卷

考生姓名：　　　　　　　　　　　准考证号：

试题代码：1.3.1。

试题名称：增氧机识别。

考核时间：10 min。

1. 写出图中增氧机名称。

①_____　②_____　③_____

2. 写出增氧机的作用。

水产监管操作技能考核
试题评分表及答案

考生姓名：　　　　　　　　　　准考证号：

1. 试题评分表

试题代码及名称		1.3.1　增氧机识别	考核时间	10 min
评价要素	配分（分）	评分细则		得分（分）
1	类别填写正确	3	每个1分	
2	作用填写正确	2	每个1分	
合计配分		5	合计得分	

考评员（签名）：

2. 参考答案

（1）写出图中增氧机的名称。

①<u>水车式增氧机</u>　②<u>叶轮式增氧机</u>　③<u>射流式增氧机</u>

（2）写出增氧机的作用。

增氧、曝气。

水产监管操作技能考核
试 题 单

试题代码：2.1.1。

试题名称：水草识别。

考核时间：10 min。

1. 操作条件

操作台 1 张，椅子 1 把，答题笔 1 支。

2. 操作内容

（1）写出下图中水草名称。

① ② ③ ④ ⑤

（2）写出在蟹池种植水草的作用。

3. 操作要求

（1）根据图片，填写答案。

（2）依照编号，对应注明。

（3）书写工整，卷面整洁。

水产监管操作技能考核
答　题　卷

考生姓名：　　　　　　　　　准考证号：

试题代码：2.1.1。

试题名称：水草识别。

考核时间：10 min。

1. 写出图中水草名称。

①_____　②_____　③_____

④_____　⑤_____

2. 写出在蟹池种植水草的作用。

水产监管操作技能考核
试题评分表及答案

考生姓名： 准考证号：

1. 试题评分表

试题代码及名称		2.1.1 水草识别	考核时间	10 min
评价要素	配分	评分细则	得分	
1	名称填写正确	5	每个1分	
2	作用填写正确	2	每点0.5分	
合计配分		7	合计得分	

考评员（签名）：

2. 参考答案

（1）写出图中水草名称。

① __伊乐藻__   ② __金鱼藻__   ③ __狐尾藻__

④ __轮叶黑藻__   ⑤ __苦草__

（2）写出在蟹池种植水草的作用。

1) 调节、净化水质。

2) 供河蟹栖息和隐蔽。

3) 提供营养源。

4) 具有药理作用。

水产监管操作技能考核
试 题 单

试题代码:3.1.1。
试题名称:常见养殖虾类辨别。
考核时间:10 min。

1. 操作条件

操作台1张,椅子1把,答题笔1支。

2. 操作内容

写出下图中虾类名称。

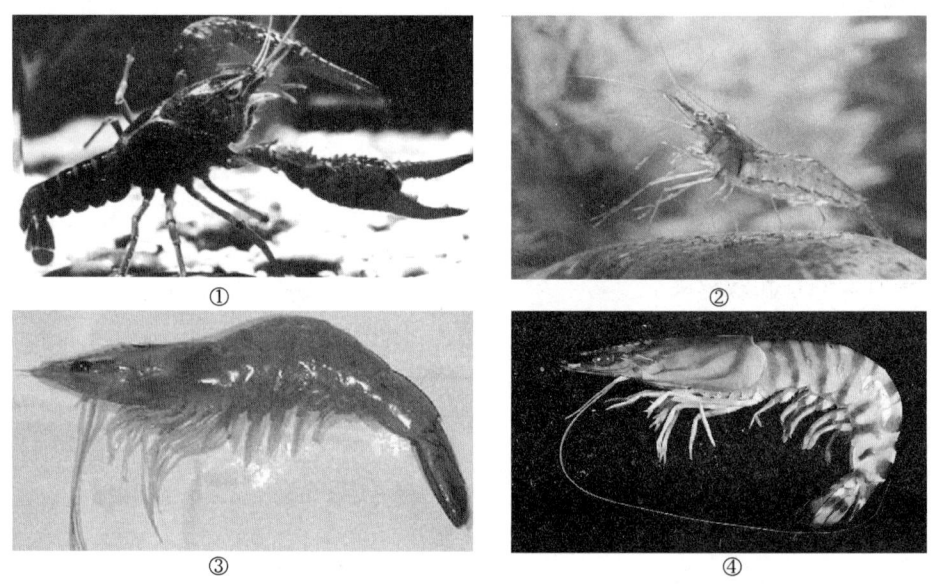

①　　　　②

③　　　　④

3. 操作要求

(1) 根据图片,填写答案。
(2) 依照编号,对应注明。
(3) 书写工整,卷面整洁。

水产监管操作技能考核
答 题 卷

考生姓名：　　　　　　　　　　　准考证号：

试题代码：3.1.1。

试题名称：常见养殖虾类辨别。

考核时间：10 min。

写出图中虾类名称。

① _____　② _____

③ _____　④ _____

水产监管操作技能考核
试题评分表及答案

考生姓名： 准考证号：

1. 试题评分表

试题代码及名称		3.1.1 常见养殖虾类辨别	考核时间	10 min
评价要素	配分（分）	评分细则		得分（分）
1	虾类识别正确	8	每个2分	
合计配分		8	合计得分	

考评员（签名）：

2. 参考答案

①克氏原螯虾（小龙虾）　　②罗氏沼虾

③南美白对虾　　④斑节对虾

水产监管操作技能考核
试 题 单

试题代码：4.1.1。

试题名称：案例分析（水产养殖放养/起捕记录表填写）。

考核时间：10 min。

1. 操作条件

操作台 1 张，椅子 1 把，答题笔 1 支。

2. 操作内容

请根据背景资料填写水产养殖放养/起捕记录表。

背景资料：

养殖户秦罗刚的养殖证编号为 S001，其 1 号池塘的养殖证面积为 5.8 亩，实际养殖水面积为 5.6 亩，水深 1.5 m，苗种全部从崇明大兴水产苗种场购买。2008 年 4 月 18 日放养了南美白对虾苗种 30 万尾。收获及成活率情况参见下表。

项目 品种	养殖成活率	平均规格 （尾/kg）	总产量（kg）	起捕时间	销售去处
南美白对虾	80%	70	3 428.57	2008 年 9 月 12 日第一次起捕，10 月 22 日干塘起捕	全部销往上海铜川路农贸市场

3. 操作要求

书写工整，卷面整洁。

水产监管操作技能考核
答　题　卷

考生姓名：　　　　　　　　　　　准考证号：

试题代码：4.1.1。

试题名称：案例分析（水产养殖放养/起捕记录表填写）。

考核时间：10 min。

根据背景资料，填写下表。

水产养殖放养/起捕记录（二〇　　年）

池塘号：＿＿＿＿＿＿＿＿＿＿

面积：＿＿＿＿＿＿（亩）　　　放养　一茬（　）月（　）日　　　起捕　一茬（　）月（　）日
　　　　　　　　　　　　　　　　　　二茬（　）月（　）日　　　　　　二茬（　）月（　）日
水深：＿＿＿＿＿＿（m）

放养种类					
放养重量（kg）					
放养尾数					
放养苗种来源					
收获重量（kg）					
收获尾数					
销售去处					
其他					

水产监管操作技能考核
试题评分表及答案

考生姓名：　　　　　　　　准考证号：

1. 试题评分表

试题代码及名称	4.1.1 案例分析（水产养殖放养/起捕记录表填写）		考核时间	10 min
评价要素	配分（分）	评分细则	得分（分）	
1　填写正确	10	每错1处扣1分，扣完为止		
合计配分	10	合计得分		

考评员（签名）：

2. 参考答案

水产养殖放养/起捕记录（二〇〇八年）

池塘号：　1
面积：　5.6　（亩）
水深：　1.5　（m）

放养：　一茬（ 4 ）月（ 18 ）日　　　起捕：　一茬（ 9 ）月（ 12 ）日
　　　　二茬（　）月（　）日　　　　　　　　二茬（10）月（22）日

放养的种类	南美白对虾
放养重量（kg）	
放养尾数	30万
放养苗种来源	崇明大兴水产苗种场
收获重量（kg）	3 428.57
收获尾数	24万
销售去处	上海铜川路农贸市场
其他	

水产监管操作技能考核
试 题 单

试题代码：4.2.1。

试题名称：案例分析（水产养殖投入品记录表填写）。

考核时间：10 min。

1. 操作条件

操作台1张，椅子1把，答题笔1支。

2. 操作内容

请根据背景资料填写水产养殖投入品记录表。

背景资料：

2010年，养殖户王亚肖共承包了3口虾塘，年末起捕后进行年终投入品核算，得出以下数据：清塘药物生石灰、漂白精用量分别为2 000 kg、100 kg，生物试剂使用了宝得牌水产清道夫，用量为3 000 mL（约3.2 kg）。饲料为容川牌的南美白对虾配合饲料，生产厂商为广东容川饲料厂，用量共计8 250 kg，饲料系数1.0，其年初放养苗种的总数90万尾，年末养殖产量共计8 250 kg。

3. 操作要求

书写工整，卷面整洁。

水产监管操作技能考核
答 题 卷

考生姓名：　　　　　　　　　　　准考证号：

试题代码：4.2.1。

试题名称：案例分析（水产养殖投入品记录表填写）。

规定用时：10 min。

请根据背景资料填写下表。

水产养殖投入品记录（二○　　年）

清塘药物	名称		
	重量（kg）		
使用肥料（生物制药）	名称		
	重量（kg）		
渔用饲料	名称		
	生产厂商		
	重量（kg）		
	饲料系数		

水产监管操作技能考核
试题评分表及答案

考生姓名：　　　　　　　　　　准考证号：

1. 试题评分表

试题代码及名称		4.2.1 案例分析（水产养殖投入品记录表填写）	考核时间	10 min
评价要素	配分（分）	评分细则	得分（分）	
1 填写正确	10	每错1处扣1分，扣完为止		
合计配分	10	合计得分		

考评员（签名）：

2. 参考答案

水产养殖投入品记录（二〇一〇年）

清塘药物	名称	生石灰	漂白精
	重量（kg）	2 000	100
使用肥料（生物制药）	名称	宝得牌水产清道夫	
	重量（kg）	3.2	
渔用饲料	名称	容川牌南美白对虾配合饲料	
	生产厂商	广东容川饲料厂	
	重量（kg）	8 250	
	饲料系数	1.0	

水产监管操作技能考核

试 题 单

试题代码：5.1.2。

试题名称：药物识别和选用。

考核时间：10 min。

1. 操作条件

操作台 1 张，椅子 1 把，答题笔 1 支。

2. 操作内容

（1）根据图片识别清塘药物和违禁药物。

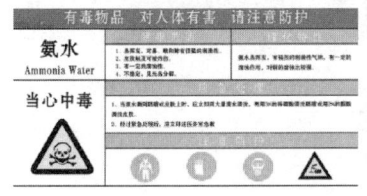  

 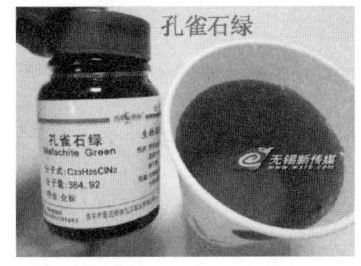

（2）渔药研制、生产和使用中讲的"三效"和"三小"是指（　　）。（请在下列四个选项中选择正确的答案）

A. "三效"是指高效、有效、长效，"三小"是指毒性小、用量小、浓度小

B. "三效"是指高效、速效、长效，"三小"是指毒性小、副作用小、用量小

C. "三效"是指有效、速效、长效，"三小"是指体积小、作用小、用量小

D. "三效"是指有效、短效、速效，"三小"是指体积小、副作用小、毒性小

（3）识别下图药物的休药期。

溴氯海因粉

[兽药名称] 通用名：溴氯海因粉
英文名：Bromochlorodimethylhydantoin Powder
汉语拼音：Xiulühaiyin Fen

 200g

[主要成分] 溴氯海因
[性　　状] 本品为类白色或淡黄色结晶性粉末；有次氯酸的刺激性气味。
[药理作用] 本品为有机溴氯复合型消毒剂。有广谱杀菌作用，药效持久。其杀菌消毒机理为次氯酸的氧化作用、新生氧作用和卤化作用。由于本品中的溴氯海因能同时解离出溴和氯，分别形成次氯酸和次溴酸，二者对杀灭细菌起到了协同增效作用。
[作用用途] 消毒防毒药。用于养殖水体消毒，防治鱼、虾、蟹、鳖、蛙等水产养殖动物由弧菌、嗜水气单胞菌、爱德华氏菌等引起的烂鳃、腐皮、肠炎
[用法用量] 将本品用1000倍以上水稀释后泼洒，一次量，每1m³水体⋯⋯（每袋用于6亩·米水面），每日1次，连用2次；水体⋯⋯加倍，常规消毒，每半月一次。
[不良反应] 标准暂无规定
[注意事项] 1. 勿用金属容器盛放。2. 缺氧水体禁用。3. 水深⋯⋯度高于30cm时，剂量酌减。⋯苗种剂量减半。
[停药期] 500度日
[规格含量] 30%
[包　　装] 200g/袋
[贮　　藏] 密封，在凉暗处保存

3. 操作要求

书写工整，卷面整洁。

水产监管操作技能考核
答 题 卷

考生姓名：　　　　　　　　　准考证号：

试题代码：5.1.2。

试题名称：药物识别和选用。

考核时间：10 min。

1. 根据图片识别清塘药物和违禁药物。

2. 渔药研制、生产和使用中讲的"三效"和"三小"是指（　　　）。

3. 识别图中药物的休药期。

水产监管操作技能考核
试题评分表及答案

考生姓名： 准考证号：

1. 试题评分表

试题代码及名称		5.1.2 药物识别和选用	考核时间	10 min
评价要素	配分（分）	评分细则		得分（分）
1	药物识别正确	5	每个1分	
2	选择正确	3	答对3分	
3	休药期识别正确	2	答对2分	
合计配分		10	合计得分	

考评员（签名）：

2. 参考答案

（1）根据图片识别清塘药物和违禁药物。

清塘药物为氨水、氧化钙、漂白粉。

违禁药物为五氯酚钠、孔雀石绿。

（2）渔药研制、生产和使用中讲"三效"和"三小"是指（ B ）。

（3）识别图中药物的休药期。

　　500度日